西安石油大学优秀学术著作出版基金资助

飞秒强场下有机分子
电离解离过程的实验与理论

吴华　王辉　编著

U0248158

中国石化出版社

图书在版编目（CIP）数据

飞秒强场下有机分子电离解离过程的实验与理论／
吴华，王辉编著．—北京：中国石化出版社，2017.11
ISBN 978-7-5114-4661-9

Ⅰ．①飞…　Ⅱ．①吴…　②王…　Ⅲ．①飞秒激光－
应用－有机化合物－分子结构－电离　Ⅳ．①O656.4

中国版本图书馆 CIP 数据核字（2017）第 249005 号

中国石化出版社出版发行

地址:北京市朝阳区吉市口路 9 号
邮编:100020　电话:(010)59964500
发行部电话:(010)59964526
http://www.sinopec-press.com
E-mail:press@sinopec.com
北京柏力行彩印有限公司印刷
全国各地新华书店经销

*

787×1092 毫米 16 开本 7.5 印张 210 千字
2017 年 11 月第 1 版　2017 年 11 月第 1 次印刷
定价:48.00 元

前　言

　　如今，飞秒激光已经成为研究和控制化学反应过程的有效手段。由于具有超短的脉冲持续时间和超强的瞬时峰值功率密度，飞秒激光在各种化学反应过程和物质组成的研究中受到了越来越多学者的关注。关于飞秒激光对有机分子(1，2-二溴乙烷分子、环己烷分子以及甲醇分子等)的分子消去反应和分子内氢转移过程的作用的研究更是引起了大量学者的关注，对这两种反应的研究有助于人们更好地理解和控制化学反应过程。

　　在光的激发下，溴原子中的孤对电子会跃迁到 C—Br 化学键的反键轨道，发生 n→σ* 跃迁，这种跃迁会导致 C—Br 化学键的快速断裂。长期以来，发生 C—Br 化学键断裂生成溴原子的通道被认为是卤代烷烃与激光作用的主要通道。相比于溴代烷烃分子发生 C—Br 化学键断裂生成溴原子通道的研究，对溴代烷烃分子发生两个 C—Br 化学键断裂生成溴分子(Br_2)通道的研究还处于初级阶段，而对强场中生成溴分子通道的研究则更少。强激光场致分子内氢转移过程的时间非常短，通常在激光场的脉冲宽度内便可完成，此过程会导致分子结构的畸变和化学键的重组，从而提供了一种控制化学键断裂和形成过程的新方法。因此，对飞秒激光致溴分子(离子)消除反应和分子内氢转移的过程进行深入研究是十分必要的。

　　本书共分为九章，第一章、第三章、第四章以及第五章至第八章的实验部分由吴华编写；第二章、第五章至第八章的理论计算部分，以及第九章由王辉编写。其中第一章主要介绍了飞秒激光场中分子的电离和解离过程，第二章主要介绍了量子化学的相关理论、方法和基组，第三章介绍了光解产生的碎片离子的探测技术，第四章介绍了飞秒激光与有机分子发生相互作用的实验装置，第五章介绍了1，2-二溴乙烷分子通过解离电离过程产生溴分子的协同消除反应，第六章介绍了1,2-二溴乙烷分子通过库仑爆炸过程产生溴分子离子(Br_2^+)的协同消除反应，第七章介绍了飞秒强光场下环己烷分子发生氢转移生成离子 CH_3^+、$C_2H_5^+$ 和 $C_3H_7^+$ 的过程，第八章介绍了飞秒强光场下环己烷分子发生氢转移

生成离子 $C_2H_4^+$ 和 $C_4H_8^+$ 的过程。第九章介绍了飞秒强光场下甲醇分子发生氢转移的过程。

本书是在"西安石油大学优秀学术著作出版基金"，陕西省自然科学基础研究计划"飞秒强激光场中环己烷分子内氢转移现象的研究"（批准号 2016JQ1027）和西安石油大学青年科技创新基金"飞秒强激光场中分子电离解离研究"的资助下完成的。

限于编者水平，书中错误在所难免，敬请各位专家、读者批评指正。

目　　录

第一章 绪 论

在过去的一百多年里，光与原子、分子的相互作用过程一直是物理学领域最重要的研究方向之一。20 世纪初期，在爱因斯坦、玻尔、康普顿、普朗克、麦克斯韦等科学家的不懈努力之下，光的波粒二象性的本质终于被揭示，许多与光有关的物理现象得到了完美的解释。1960 年 7 月 7 日，世界上第一台红宝石激光器由美国科学家西奥多·梅曼成功研制，它的出现和发展是继原子能、计算技术、半导体技术、宇宙空间技术之后，科学技术发展的一项重大成就，从此人类的科学研究步入了一个新的纪元。由于激光光源具有良好的单色性、方向性、相关性、高强度性等特点，因此它成为科学家探究原子、分子微观世界的有力武器。本章中，介绍了飞秒激光的产生及其应用，以及分子在飞秒激光场中的行为。

第一节 飞秒激光的产生及其应用

激光曾被人类视为神秘之光，且如今已被广泛使用到各个领域之中。飞秒激光是近年来科学家通过探究发现的特殊的激光，它是一种以脉冲形式运转的近红外激光，持续时间非常短，为飞秒量级（10^{-15}s）。飞秒激光激光具有 3 个特点：①脉冲持续的时间极短，只有几个飞秒，比利用电子学方法所获得的最短脉冲还要短几千倍；②瞬时功率极高，可以达到几百万亿瓦，是目前全世界发电总功率的数百倍；③聚焦直径小，可以聚焦到比头发丝的直径还小的空间区域内，使得此区域内电磁场的强度比原子核对其周围电子的作用力高出数倍。

飞秒激光的发展大致经历了以下 4 个阶段：第一个阶段是 20 世纪 60 年代中后期，该阶段为飞秒激光发展的早期阶段，其主要特点是建立锁模理论和实验研究的各种夹紧方法，此阶段激光的脉冲宽度可以达到纳秒量级（$10^{-10} \sim 10^{-9}$s）；第二个阶段是 20 世纪 70 年代，其主要特点是各种锁模理论和方法逐渐趋向于成熟，此阶段激光的脉冲宽度可以达到皮秒量级（$10^{-12} \sim 10^{-11}$s）；第三个阶段是 20 世纪 80 年代，啁啾脉冲放大技术（Chirped Pulse Amplication，CPA）的发展使人们真正进入了超短脉冲时代，这时，激光的脉宽可以被压缩到飞秒量级（10^{-15}s）；第四个阶段是从 20 世纪 90 年代初开始的，其主要特征是产生了飞秒激光介质的新的突破。自从 20 世纪 70 年代初期开始，飞秒激光所使用的介质一直是有机染料。到了 20 世纪 90 年代，以掺钛蓝宝石为代表的固体介质激光器被引入飞秒激光领域，此后染料激光器逐渐被固体飞秒激光器取代，并成为了飞秒激光技术发展的重要方向。

一套高功率飞秒激光系统一般由两部分组成，分别是振荡器和放大器。在振荡器内，利用钛宝石自锁模技术可以获得高重复频率的飞秒激光种子脉冲。为了获得高能量的飞秒激光脉冲，必须对种子脉冲进行能量放大，目前最常用的放大方法是 CPA 技术，其原理如图1-1所示，放大前先分散激光种子脉冲的能量，放大后再集中。具体操作时，首先使用光栅对将飞秒种子脉冲按不同频率成分在时间上展宽，然后通过放大器获得高能量的脉冲，最后再使用一组光栅对将脉冲压缩至飞秒量级。CPA 技术是在长脉冲的条件下进行放大的，这样既保证了高的激光能量通量以获得高的能量抽取效率，又保证了足够低的功率密度，从而可以避免非线性效应对光学介质的损坏，使输出激光的峰值功率密度提高了数个数量级。

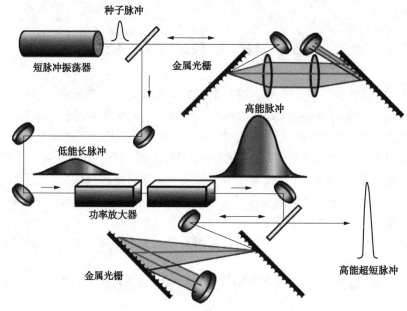

图 1-1　啁啾脉冲放大技术原理图

飞秒激光是脉冲光，其脉冲持续时间很短（$10^{-15} \sim 10^{-14}$ s），这就使人们能够对寿命为 $10^{-14} \sim 10^{-11}$ s 的瞬态分子进行时间上的分辨，因此，飞秒激光对于控制化学键的断裂和生成具有十分重要的意义，成为研究分子反应动力学超快过程的重要工具。结合泵浦—探测技术，科学家们使用飞秒激光研究了大量飞秒时间尺度的超快过程，例如分子的电离，分子的转动，分子振动态的弛豫，分子的解离，分子反应过渡态，分子间能量的内转换过程，质子的转移，电子的转移等。对这些超快过程的研究，有助于人们进一步探究和认识原子分子的微观世界，从而更好地理解光与物质相互作用的基本原理。1999 年，诺贝尔化学奖授予科学家艾哈迈德·泽维尔（Ahmedh·Zewail），以表彰他在利用飞秒激光脉冲研究化学反应方面的开拓性工作。泽维尔应用飞秒激光闪光成照技术观察到了分子中的原子在化学反应中的运动过程，他的这项发现有助于人们对重要化学反应进行理解和预期，为整个化学学科及其相关学科带来了一场革命。

飞秒激光具有极高的光场强度和峰值功率，因此可以观察到许多低激光场强度条件下无法观察到的现象。经过聚焦后的飞秒激光脉冲，其峰值功率可以达到 10^{15} W/cm²，此时其对应的电场强度值为 8×10^8 V/cm，这样的电场强度已经可以和氢原子外层电子的库仑场强相比拟。因此，当原子或分子进入如此强的激光场中时，原子或分子外层的电子能够轻易地摆脱束缚而电离出去，而这种电离方式不同于传统意义上的原子分子系统吸收光子再发生电离。飞秒激光出现以前，如此高能量密度的实验条件只能通过核爆炸的方式获得，因此，在过去的 20 余年间，飞秒激光已经成为科研工作者们研究强场下原子分子电离、解离过程的重要工具。除此之外，飞秒激光还可以用来产生相干光，如真空极紫外光、软 X 射线、极紫外光等，可在医学上用来进行近视治疗。

过去 20 余年间，飞秒激光技术得到了显著发展，成为研究原子分子的物质结构，探究原子分子化学反应动力学超快过程强有力的新工具之一。

第二节 分子与飞秒激光的相互作用

分子与峰值功率为 $10^{13} \sim 10^{15}\,\mathrm{W/cm^2}$ 的飞秒激光发生相互作用，既可以通过失去电子发生电离的方式成为母体离子，也可以通过化学键断裂的方式生成碎片离子，上述两个过程分别被称为光电离过程和光解离过程。光电离和光解离是激光与分子相互作用的两种最基本过程，是激光化学和化学反应动力学研究的重要内容。对光电离和光解离现象的深入研究可以获得分子激发态和离子态的信息，有助于更深入地认识化学反应机理，对实现化学反应中的态—态控制有着极其重要的作用。

近年来，一些新的光电离和光解离现象陆续被研究者们发现，例如高次谐波（High-order Harmonic Generation，HHG）的产生，多光子电离（Multi-photon Ionization，MPI），阈值上电离（Above Threshold Ionization，ATI），场致电离（Field Ionization，FI），解离电离（Dissociative Ionization，DI），场致解离（Field-assisted Dissociation，FD）以及库仑爆炸（Coulomb Explosion，CE）等。这些新的现象比以往传统意义上的光电离和光解离现象更复杂，近几十年来吸引了许多理论学家和实验学家深入细致的研究。本节将分别对分子在飞秒激光场中的电离机制和解离机制进行详细论述。

1. 飞秒激光场中分子的电离

在飞秒激光的作用下，中性分子从其电子基态到分子离子基态所需要的能量称为该分子的电离能（Ionization Energy，IE）或者电离势（Ionization Potential，IP）。分子的光电离现象对激光的光场强度有很大依赖，根据激光场强度不同，分子在飞秒激光场中的电离可以分为4种类型，分别为多光子电离（MPI）、阈值上电离（ATI）、隧穿电离（Tunnel Ionization，TI）和势垒抑制电离（Barrier Suppression Ionization，BSI）。其中，隧穿电离和势垒抑制电离统称为场致电离（FI）。

多光子电离是指原子或分子系统同时吸收两个或两个以上光子，然后失去电子、发生电离，成为离子的过程（图 1-2）。在多光子电离过程中，原子或分子系统同时并且相干地吸收多个光子后，使得电子达到某一连续态。早期激光场强度比较低，对多光子电离的研究使用低阶含时微扰理论来模拟。原子或分子系统吸收 n 个光子的电离率 W_n 可表示为：

$$W_n = \sigma_n I^n \tag{1-1}$$

式中，n 为发生多光子电离所需要吸收的光子个数；I 为入射激光的光场强度，$\mathrm{W/cm^2}$；σ_n 为第 n 阶吸收截面，$\mathrm{cm^2 \cdot s^{-1}}$。

可以看出，多光子电离的几率与激光光场强度 I 的 n 次方成正比。对同一个分子体系而言，吸收截面为定值，因此，电离的几率对光场强度有很强的依赖性。通常情况下，当 $n=1$ 时，单光子吸收的一阶吸收截面 σ_1 的数量级为 $10^{-16} \sim 10^{-22}\,\mathrm{cm^{-2} \cdot s^{-1}}$；当 $n=2$ 时，双光子吸收的二阶吸收截面 σ_2 的数量级减小为 $10^{-48} \sim 10^{-57}\,\mathrm{cm^2 \cdot s^{-1}}$；而当 $n=3$ 时，三光子吸收几率更低，比双光子吸收几率低约 10^{30} 个数量级。由此可见，只有当分子跟高强度的激光相互作用时，才会产生明显的多光子电离效应。需要注意的是，对于一个脉冲宽度固定的飞秒激光脉冲而言，当入射激光场强度 I 超过某一个临界值 I_s 时，体系内所有的原子分子都已经被电离，即发生了饱和电离，此时电离率 W_n 对入射激光强度 I 的依赖关系便不再满足式(1-1)。对于恒定的激光脉冲宽度，入射激光强度 I 有最大值 I_s，当 $I \geq I_s$ 时，电离不再发生，此时的激光场强度 I_s 称为饱和光强。实际应用中，准确计算多光子电离率存在两方面的困难：①不同体系的高阶吸收截面 σ_n 很难计算，通常都是通过实验获得；②精确计算多光子电离率必须考虑共振和近共振的情况，而实际分子的能级结构非常复杂，从而使得精确计算的难度显著提高。

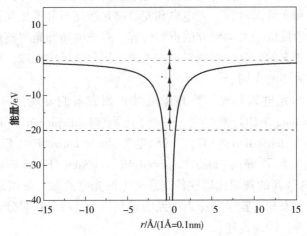

图 1-2　飞秒激光场中分子的多光子电离

阈值上电离是指当原子或分子系统处于强激光场中时，其在电离过程中吸收了电离所需要的最少光子数后，并没有立刻发生电离，而是继续继续多吸收了几个光子后才发生电离的过程（图 1-3）。之所以出现这种情况，是因为激光外场对体系的库仑势进行了"修饰"，使得本来应该要电离的电子依然能够"感受"的到库仑势的作用，从而需要吸收更多的光子才能发生电离。假设原子或分子体系电离所需要的最少光子的个数为 n，实际发生电离所需多吸收光子的个数为 s，那么从理论上来讲，原子或分子系统吸收 $(n+s)$ 个光子的电离率 W_{n+s} 依然可以用微扰理论来解释：

$$W_{n+s} \propto I^{n+s} \tag{1-2}$$

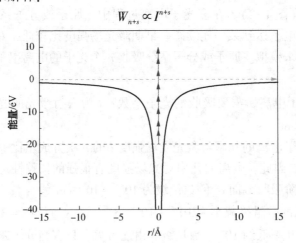

图 1-3　飞秒强激光场中分子的阈值上电离

设 IE 为此原子或分子系统的电离能，则出射的光电子的动能可由爱因斯坦光电效应方程公式计算得出：

$$E_f = (n+s)\hbar\omega - IE \tag{1-3}$$

式中，n 为电离所需要的最少光子个数；s 为多吸收的光子个数。

根据式（1-2）可以做出推测：通过阈值上电离过程所产生的电子，在测量其光电子能谱时会发现能量高于 IE 的信号峰，且两个信号峰之间的能量间隔对应着所吸收光子的单光子能量。处在强激光场中的电子，除了具有其本身的平动能以外，还具有因强激光外场而产生的颤动能 U_p：

$$U_p = \frac{e^2 E_0^2}{4 m_e \omega_0^2} = 9.33 \times 10^{-20} I \lambda^2 \tag{1-4}$$

式中，U_p 又可以被称为有质动力势，eV；E_0 为强激光场所产生的电场强度，V/m；ω 为激光场的角频率，rad/s；m_e 是电子的质量，kg；I 为激光场强度，W/cm²；λ 为激光的中心波长，nm。

在研究电离过程中电子的动能时，需要考虑 U_p 的影响。用强激光研究阈值上电离过程时，对出射光电子能谱所做的光强标定就是依据此原理。目前，公认的发生阈值上电离的原因为：强激光场会对原子或者分子系统内部的库仑势进行"修饰"，导致原子或者分子系统内部的库仑势发生了某种扭曲，使得能量到达电离阈值且本应该脱离原子或分子系统的电子仍然受到势垒的束缚，因此需要吸收更多的光子，能量到达比电离阈值更高的值后，才能脱离体系的束缚发生电离。

隧穿电离是指当激光强度增加到可以与原子或分子系统的内部库仑场相比拟时，原子或分子系统中的电子可以通过"隧穿效应"穿越势垒，脱离体系而发生电离的过程。隧穿电离通常发生在激光场足够强的情况下，其原理为：激光所产生的外电场对原子或分子系统的库仑势进行调制，致使原子或分子系统本身的库仑势发生畸变和扭曲，势能面被修饰，导致需要穿越的势垒长度缩短，使得电子可以较为容易的穿过变形后的势垒发生电离（图1-4）。隧穿电离发生的条件为：在电子隧穿过程中，外激光场产生的电场方向不发生改变，即发生隧穿电离所需要的时间必须小于半个激光周期，否则系统将无法完成隧穿过程。

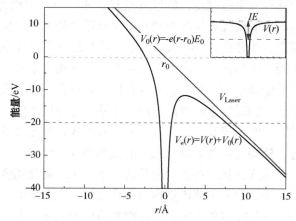

图1-4 飞秒强激光场中分子的隧穿电离简图

注：插图为无外激光场条件下的势能曲线

势垒抑制电离是指当激光场强度继续增加，致使原子或分子系统本身的静电势能面已经完全被外加激光场调制，导致体系的束缚势垒高度低于价电子的能量，从而使价电子可以自由地脱离体系库仑势的束缚发生电离的过程(图 1-5)。隧穿电离和势垒抑制电离统称为场致电离。

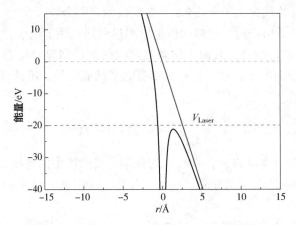

图 1-5　飞秒强激光场中分子的势垒抑制电离

从上文的描述不难看出，原子或分子体系的电离机制与外加激光场的强度有着紧密的联系，因此，如何正确的判断不同激光场条件下的分子电离机制成为了学者研究的重点。在过去的研究中，研究者们从实验和理论两个方面对原子和分子系统在强激光场中的电离机制进行了探索。

就实验的角度而言，大多数的实验工作者对于原子或分子体系在强激光场中电离机制的判断建立在多光子电离的理论之上。他们从式(1-1)出发，认为原子或分子体系的电离几率与激光场强度在对数坐标中的比值即为体系与激光在相互作用过程中所吸收光子的数目。如果计算所得到的光子数目与体系电离所需要的最少光子数目接近，就认为该过程为多光子电离过程；如果计算所得到的光子数目远少于体系电离所需要的最少光子数目，则认为体系发生的是场致电离过程。这种判别方式存在着较大的误差，这是因为对于"吸收的光子数目远远小于体系电离所需要的最少光子数目"的体系而言，还有另外一种情况需要考虑，即系统的基态和电离态之间会存在一个过渡态，此过渡态有可能会与入射激光场发生共振，因此，通过上述方法所得到的斜率值就代表从基态到共振态所吸收的光子数目。对于实际的体系而言，其能级结构非常复杂，往往很难在实验之前就能清楚地计算出体系是否存在与激发光波长共振的能级，因此不能简单地根据电离产率对激光场的依赖关系来判别体系是发生了共振多光子电离过程还是场致电离过程。另外，研究者们还通过分析原子或分子体系在电离过程中所出射电子的电子能谱来判断体系的电离机制。体系通过阈值上电离过程所出射电子的能量谱峰为离散的谱峰结构，两个相邻谱峰之间的能量差为入射激光场的单光子能量。当激光场强度达到一定程度时，外场与体系束缚态之间的强烈耦合会导致发生斯塔克效应，这时出射电子的谱峰结构会呈现出连续化的特点。通常情况下，在此激光场强度下，体系发生隧穿电离过程的几率较大。由于出射电子能谱结构的连续化是一个渐变的过程，其对应的激光场强度为一个宽泛的范围，因此，.这种方法只可定性判断原子或分子系统的电离机制。

在理论研究方面，Keldysh 等于 1964 年首次提出了一种理论模型，用来解释隧穿电离，此模型是以零域势能(Zero-range Potential)模型为基础，认为电子可以从外电场修饰的势垒中隧穿。此模型对原子或分子体系在不同激光场条件下的电离机制给出了定量解释。

设 $V(r)$ 为原子实产生的静电势，电子在 $V(r)$ 中运动。将场强为 E_0 的外加电场施加于原

子实的静电势 $V(r)$，此时，势能曲线会发生畸变，即

$$V_e(r) = V(r) + V_0(r) \quad V_0(r) = -e(r-r_0)E_0 \tag{1-5}$$

式中，e 为电子携带的电量，C；r_0 为无激光外场条件下，处于平衡状态的电子的轨道半径，m。

零域势能模型认为势阱是一个无限窄的势阱，其高度近似为体系的电离势 IE（图1-6）。基于此假设，当外激光场作用于体系时，电子发生隧穿电离需要穿越的势垒宽度可以表示为：

$$l = \frac{IE}{eE_0} \tag{1-6}$$

应用维里定理，可以得到只跟 IE 有关的电子的平均速率：

$$\langle v \rangle = \left(\frac{2IE}{m_e} \right)^{1/2} \tag{1-7}$$

式中，m_e 为电子的质量，kg。

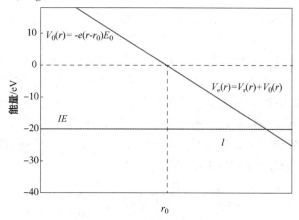

图1-6 Keldysh 提出的零域势能模型简图

结合式（1-6）和式（1-7），可以得到电子发生隧穿电离所需的时间 t 和隧穿的频率 ω_t：

$$t = \frac{1}{\langle v \rangle} = \frac{(IEm_e)^{1/2}}{\sqrt{2}\,eE_0} \tag{1-8}$$

$$\omega_t = \frac{1}{t} = \frac{\sqrt{2}\,eE_0}{(IEm_e)^{1/2}} \tag{1-9}$$

为了方便对电离机制进行判断，Keldysh 等人将外激光场频率 ω_0 与隧穿频率 ω_t 进行了比较，定义了 Keldysh 因子 γ：

$$\gamma = \frac{2\omega_0}{\omega_t} = \sqrt{\frac{2IEm_e\omega_0^2}{e^2E_0^2}} = \sqrt{\frac{IE}{1.87 \times 10^{-19}I\lambda^2}} \tag{1-10}$$

式中，I 为外加激光场的峰值功率密度，W/cm²；IE 为系统的电离势，eV；λ 为外加激光场的波长，μm。这样得到的 Keldysh 因子的表达式具有明确的物理意义。Keldysh 认为，原子或分子系统的隧穿电离必须发生在一个光学周期内，此时外加的交变电场就可以看作是准静态的，在电离完成之前外加电场不改变方向。也就是说，如果隧穿电离所需要的时间小于外加激光场的半个周期，那么电子就有足够的时间在外加激光电场改变方向之前完成隧穿并发

生隧穿电离；反之，如果隧穿电离所需要的时间大于外加激光场的半个周期，由于半个周期后外加激光电场的方向会发生变化，这样电子便无法完成隧穿、发生隧穿电离。实际应用中，人们可以根据 Keldysh 因子的大小来判断体系在不同激光场条件下的电离机制。当 $\gamma > 1$ 时，表示电子来不及发生隧穿电离，外加激光场的方向就已经发生改变，此时电离机制以多光子电离为主；当 $\gamma \leqslant 1$ 时，表示电子发生隧穿电离的时间小于外加激光场的半个周期，即电子发生隧穿的过程中外加激光场的方向不发生变化，此时电离机制以隧穿电离为主。

在零域势能模型的基础之上，可以得出原子或分子系统发生势垒抑制电离所需要的外加激光场强度阈值 I_{BSI}：

$$I_{BSI} = \frac{\pi^2 c \varepsilon^3 IE^4}{2Z^2 e^6} \tag{1-11}$$

式中，Z 为离子携带的电荷数。

零域势能模型没有考虑激光脉冲持续时间的影响，因此，只能对一些原子及双原子分子等小分子体系在激光场中的电离机制得出理想解释。为此，DeWitt 和 Levis 等对 Keldysh 的零域势能模型进行了修正。在修正后的计算中，他们使用一个矩形势阱替代了无限窄的零域势阱，矩形势阱的高度即为体系的电离势 IE，矩形势阱的宽度是分子中相距最远的两个原子核间距与电子运转轨道半径之和，可由从头计算法得到。相比于零域势能模型，矩形势阱模型加入了 4 个与激光场和分子性质有关的参数：无外场条件下分子的电离势 IE，分子的势能面以及外场的场强 E 和频率 ω_0。修正后的模型（图 1-7）认为：分子势能面是一个深度为 IE，宽度为 d 的矩形势阱。并运用从头计算法计算了分子的平衡结构，进而得到了势阱宽度 d。此模型可得出修正后的 Keldysh 参数 γ：

$$\gamma = \frac{2\omega_0}{\omega_t} = \sqrt{\frac{2IE m_e \omega_0^2}{e^2 E_0^2}} - \sqrt{\frac{m_e \omega_0^2 d^2}{2IE}} \tag{1-12}$$

可以看出，式（1-12）中第 2 项 $m_e \omega_0^2 d^2 / 2IE$ 与外加激光场无关，完全由分子本身的性质决定。因此，分子的电离机制除了与外加激光场有关以外，还与分子自身的结构密切相关。

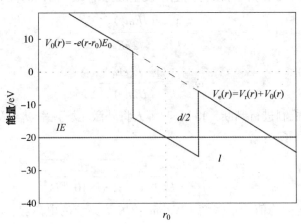

图 1-7　DeWitt 和 Levis 等提出的基于 Keldysh 零域势能模型的修正模型简图

上述 4 种机制的划分是根据激光场强度由弱至强而分类的。在具体的实验和理论研究中，人们还发现了另一种电离形式，多电子电离（Multi-electron Ionization，MEI）。所谓多电子电离，是指处于强激光场中的原子或分子系统，失去数个电子发生电离成为高价母体离子的过程。多电子电离最简单的模型是双电离，是指处于强激光场中的原子或分子系统，失去两个电子成为二价母体离子的过程。双电离又可分为顺序双电离（Sequential Ionization，SI）和非顺序双电离（Non-sequential Ionization，NSI）。SI 是指失去两个电子的过程是顺序的，即中性原子或分子系统先失去一个电子成为一价母体离子，一价母体离子再失去一个电子成为二价母体离子的过程；NSI 是指分子或原子系统直接失去两个电子成为二价母体离子的过程。

2. 飞秒激光场中分子的解离

分子在飞秒强激光场中的解离是光物理和光化学领域的一个重要分支，是化学反应在激光场中的一种表现形式。在过去的 30 余年间，研究者们对分子的光解离动力学进行了大量的研究，包括光解离反应的反应速率，不同光解离反应通道之间的竞争，光解离过程中的过渡态，光解离产物之间的分支比等。弱光场条件下，分子的解离过程可分为直接解离和间接解离两类，其中间接解离又被称为预解离。每种解离方式都包含电子解离和振动解离两种解离类型，因此在弱场条件下分子的解离可分为 4 种类型。

在飞秒强激光场下，分子的解离过程往往伴随着电离过程的发生，因此分子体系在飞秒激光场下的解离跟电离一样，有若干不同的类型。根据激光场强度的不同，分子在飞秒激光场中的解离可以分为 3 种，分别为多光子解离（MPD），场致解离（FAD）和库仑爆炸（CE）。

多光子解离是指处于激光场中的分子吸收多个光子，发生化学键断裂的过程。多光子解离发生的激光场强度一般在 $10^{12} \sim 10^{13}\,W/cm^2$ 之间。根据分子发生电离和解离的次序，多光子解离又可以分为"解离—电离"（Dissociation Ionization，DI）和"电离—解离"（Ionization Dissociation，ID）两种机理（图 1-8）。

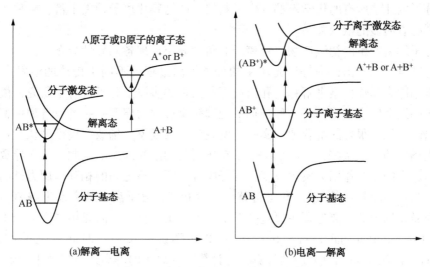

图 1-8 多光子解离的两种机理示意图

解离—电离机理是指处于激光场中的分子体系在一个脉冲宽度内吸收多个光子跃迁到分子的解离态，分子沿此解离态发生解离成为中性产物碎片。若所处激光场的脉冲宽度大于分子解离时间，则生成的中性产物碎片在同一个激光脉冲宽度内可以继续吸收光子发生电离（解离）。由此可见，解离—电离的发生有两个条件：①母体分子发生第一步解离的时间比较短；②激光脉冲的持续时间比较长。此机理主要产生的离子种类为碎片离子，母体分子、离子极少，此机制也被称为 Ladder-Switching Mechanism［图1-8(a)］。

电离—解离机理是指处在激光场中的分子系统在一个脉冲宽度内连续吸收多个光子，被激发到分子电离势以上的离子态发生电离，电离产生的母体分子离子继续吸收光子，到达离子解离态发生化学键断裂的过程，此机制也被称为 ladder-climbing Mechanism［图1-8(b)］。

除解离—电离和电离—解离这两种机理外，分子与强激光场的相互作用还会产生另一种机理：解离性电离(Dissociative Ionization，DI)。DI 是指处于激光场中的分子系统被电离成为母体离子后，母体离子内各基团在库仑斥力的作用下产生 1 个中性碎片、1 个离子碎片、1 个电子的过程。

通常情况下，化学键的断裂、分子的解离所需要的时间都在100fs以上，因此，解离—电离机制往往发生在激光脉冲宽度比较宽、峰值功率密度比较低的皮秒激光场和纳秒激光场中。当激光脉冲的宽度达到百飞秒量级的时候，激光场的强度就会非常强，这个时候母体分子就会在几个光学周期内吸收多个光子直接发生电离成为母体分子离子，进而再吸收光子进行解离。由此可见，在飞秒强激光场中，分子的多光子解离机制以电离—解离机制为主导。

场致解离是指当分子处在激光场强度为 $10^{13} \sim 10^{14} \mathrm{W/cm^2}$ 的激光场中时，激光外场将对分子内沿某个化学键方向的势能曲线进行调制，使其势垒变低、势能曲线发生畸变，导致沿此方向的化学键发生断裂的过程。分子在强激光场中的场致解离具有以下特点：

(1) 分子在解离过程中只产生了携带 1 个电荷的碎片离子，没有高价碎片离子的出现。

(2) 分子的解离是由于单次激光脉冲作用，而不是多步光解。

(3) 分子解离产生的产物碎片离子是依次出现的。

(4) 分子的解离对所使用的激光波长没有明显的依赖关系。

(5) 分子内几乎所有的化学键都发生了断裂，产物碎片离子种类丰富，碎片化程度对激光场的强度有着明显的依赖关系。

(6) 分子解离产生的初级产物碎片离子的角度分布呈现各向异性分布。

从这些特点可以看出，中等激光场中的分子解离过程既不同于传统的激发态分子的解离，也不能用库仑爆炸模型来解释。孔繁敖等对大量的多原子分子进行了研究，模拟了强激光场下离子的运动轨迹，提出了一种强场下处理解离过程的模型——场致解离模型，根据此模型所得出的结果能很好的解释他们实验中所观察到的现象。场致解离模型认为：处在中等强度的激光场中的分子系统，其内部的电子布居会受到激光外场的调制，从而导致分子中各个原子之间原有的相互作用力发生改变，分子中各个原子核之间的相互作用力被削弱，核间距被拉长，当核间距超过 6Å 时，化学键就会发生断裂，分子离子就会发生解离。场致解离模型解决强激光场中的解离过程主要包括 3 个步骤：①计算不同激光场强度下分子的基态缀饰势能面(Dressed Potential Energy Surface)；②化学键键长随着时间变化的准经典轨线(Quasi-Classical Trajectory，QCT)的计算；③计算碎片离子的解离几率以及平均解离时间。

以丙酮分子为例(图1-9)，当激光场强度为 $0.4 \times 10^{14} \mathrm{W/cm^2}$ 时，质谱上仅有丙酮母体离子峰 $CH_3COCH_3^+$［图1-9(a)］；当激光场强度增加到 $0.72 \times 10^{14} \mathrm{W/cm^2}$ 时，丙酮一价母体离子发生了 C—C 化学键的断裂，此时在质谱上观察到了碎片离子 CH_3^+ 和 CH_3CO^+［图1-9(b)］；当激光场强度继续增加到 $0.96 \times 10^{14} \mathrm{W/cm^2}$ 时，丙酮一价母体离子发生了 C=O 化学双键的断裂，此时质谱上观察到了碎片离子 $CH_3CCH_3^+$ 和 O^+［图1-9(c)］；当激光场强度继续升高

至 1.1×10^{14} W/cm^2 时，丙酮一价母体离子内的 C—H 化学键发生了断裂，质谱上出现了 H$^+$ [图 1-9(d)]。从质谱中还可以看出，当激光场强度增至 1.1×10^{14} W/cm^2 时，次级产物碎片离子 CH$_3$C$^+$ 和 CH$_2^+$ 也随之出现。

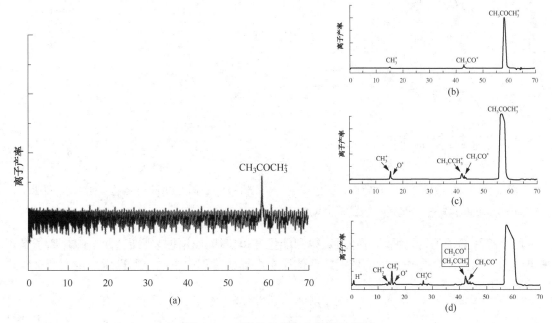

图 1-9　丙酮分子的电离解离质谱图

(a)光场强度为 0.4×10^{14} W/cm^2；(b)光场强度为 0.72×10^{14} W/cm^2；
(c)光场强度为 0.96×10^{14} W/cm^2；(d)光场强度为 1.1×10^{14} W/cm^2

孔繁敖等用 FAD 模型，计算了处于基态的丙酮分子解离的准经典轨线以及不同激光场强度下丙酮分子内各个化学键解离的可能性。如图 1-10 所示，可以看出在激光场强度为 3.5×10^{14} W/cm^2 时，丙酮分子内的 C—C 化学键的键长已经伸长到最长长度 6Å，而 C—O 化学键和 C—H 化学键伸长的比较慢，因此，C—C 化学键最容易发生解离。图 1-11 为丙酮分子内各种不同化学键解离的可能性，解离可能性由大到小依次为 C—C 化学键、C—O 化学键和 C—H 化学键。由此可以看出，基于孔等提出的理论所计算出来的结果与实验所得到的结果符合效果很好。

库仑爆炸是指当分子系统处于激光场强度大于 10^{14} W/cm^2 的强激光场中时，分子内很多电子会被迅速剥离形成高价母体离子，高价母体离子内部基团之间强大的库仑斥力导致化学键快速断裂形成高动能碎片离子的过程。库仑爆炸的理论解释基本上都是基于 Coding 等提出的场致电离库仑模型(Field-Ionization and Coulomb Explosion Model，FICE)。库仑爆炸过程具有以下特征：

(1) 分子发生库仑爆炸所产生的碎片离子携带有比较大的动能，并且通过同一个通道所产生的不同离子碎片的动能之间满足动量守恒定律和能量守恒定律。

(2) 分子在发生库仑爆炸的过程中会产生高价态的母体分子离子、高价态的原子离子碎片以及高价态的分子离子碎片。

(3) 分子发生库仑爆炸所产生碎片离子的角度分布具有较高的各向异性特征，并且集中分布在偏振激光的偏振方向上。

11

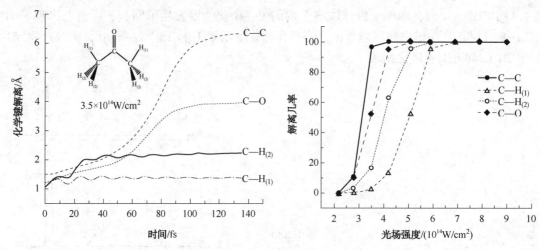

图 1-10　丙酮母体离子 $CH_3COCH_3^+$ 内　　　图 1-11　不同光场强度下各化学键解离的可能性
不同化学键的解离轨迹(光场强度为 $3.5×10^{14}$ W/cm²)

两个碎片离子是否遵循动量守恒定律和能量守恒定律，往往是判断这两个碎片离子是否来自于同一两体库仑爆炸通道的依据。两体库仑爆炸的过程中，同一通道所产生的两个碎片离子满足下式：

$$\frac{KER(X^{p+})}{KER(Y^{q+})} = \frac{M(Y^{q+})}{M(X^{p+})} \tag{1-13}$$

式中，X 和 Y 为碎片离子；p 和 q 分别为碎片离子 X 和 Y 所携带的电荷量；KER 为碎片离子的动能；M 为碎片离子的质量数。

库仑爆炸发生在激光场强度比较高的激光场中，此时微扰理论已经不再适用，而半经典和量子方法仅能对原子、氢分子(H_2)等简单体系的库仑爆炸过程进行较为精确的分析研究，对于多原子分子等复杂体系的库仑爆炸过程的研究，现在依然处于探索时期。

库仑爆炸过程中，高价母体离子内部的库仑排斥力会转化为碎片离子的动能。如果将产生的两个碎片离子视为点电荷，则由真空中点电荷的模型可以得到库仑爆炸通道的总动能为：

$$KER_{cal} = 14.4 × \frac{p×q}{R_e} \tag{1-14}$$

式中，KER_{cal} 为理论计算所得的库仑爆炸通道的总能量，eV；p 和 q 分别为两个碎片离子所携带的电荷量，C；R_e 为所断裂化学键在分子平衡状态下的核间距，m。

理论上，分子通过库仑爆炸过程所产生的库仑排斥能将全部转化为产物碎片离子的动能，而事实上，大量实验观测到碎片离子的动能往往小于式(1-14)所对应的理论值。对于氮气(N_2)、一氧化碳(CO)和氧气(O_2)等相对分子质量较轻的双原子分子而言，实验所得到的动能值与理论值的比值约为 0.5；而对于氯气(Cl_2)和碘单质(I_2)等相对分子质量较重的分子而言，实验所得到的动能值与理论值的比值约为 0.7。汤姆逊—费米—迪拉克模型(Tomas-Fermi-Dirac，TFD)、两步电离模型以及"单电子"方法等模型被提后，用于解释库仑爆炸过程中的能量亏损，通过这些模型可知：在库仑爆炸过程中，母体分子离子内的化学键首先由平衡核间距 R_e 驰豫到临界距离 R_e 处，随后母体分子离子沿不同路径发生化学键的断裂生成碎片离子，这些路径称为库仑爆炸通道。后来，研究者们发明了质量分辨动量成像方法和协同动量成像技术，使用这些技术可以实现对库仑爆炸的各个通道进行区分。

场致电离库仑爆炸模型 FICE 是解释库仑爆炸最根本的模型，由 Codling 等提出。随着科学技术的发展和科学研究的进步，此模型正逐步被完善。场致电离库仑爆炸模型早期的中心思想为：分子在其基态平衡核间距 R_e 处发生隧穿电离，随后在库仑排斥力作用下核间距离增大、电离增强，当核间距离达到临界距离 R_c 时，电离率最大，库仑爆炸便发生在临界距离 R_c 处。FICE 模型可以解释库仑爆炸中的一些现象，例如电荷均匀分配通道优于电荷非均匀分配通道产生的现象，也能够对产物碎片离子的角度分布作出一定解释。但是 FICE 模型依然还有很多不完善的地方，例如早期的 FICE 模型无法解释很多实验都观察到的一致性结果，即理论所预测的碎片离子的动能高于实验中所观察到的碎片离子的动能，并且理论值与实验值的比值为一固定值。于是，人们在此模型基础上提出了一些新观点。Seideman 等认为，中性分子核间距被外激光场拉伸到 R_e 附近，这时局域化的电子可以通过隧穿电离过程穿越势垒到达连续态，因此在 R_e 附近分子的电离速率要远远大于其他区域分子的电离速率，高价态的母体离子便由此产生，库仑爆炸也从 R_e 处开始，此模型被称为激光诱导电子局域化(Laser Induced Electron Localization)增强电离模型。后来，研究者们还提出了激光诱导稳定模型(Laser Induced Stabilization)来解释这种现象，这种观点的核心思想是：在激光脉冲的前半个周期内，中性分子核间距被拉长至 R_e 处；在激光脉冲的后半个周期内，中性分子发生电离形成高价态母体离子，随后高价态母体离子发生库仑爆炸。除了这些模型，研究者们还提出了其他方法，例如用离子动量成像(Ion Momentum Imaging)和分子动力学模拟(Molecular Dynamics Simulation)等方法来，研究多原子分子的库仑爆炸过程。

除了研究库仑爆炸过程中的动能损失以外，研究者们还对库仑爆炸后碎片离子的角度分布开展了大量的研究。实验结果表明，不同库仑爆炸通道所产生的产物碎片离子的角度分布对外加激光场的偏振方向具有很强的依赖性，而这种各向异性分布可以由两种机制来解释，这两种机制分别为几何准直机制(Geometric Alignment，GA)和动力学准直机制(Dynamic Alignment，DA)。在几何准直机制中，碎片离子的角度分布是由分子轴与激光场的偏振方向的夹角所决定的，当夹角为 0° 时，库仑爆炸产物碎片离子的产率最高；当夹角为 90° 时，库仑爆炸产物碎片离子的产率最低。在动力学准直机制中，中性分子与外加激光场在相互作用的过程中会产生诱导偶极矩，诱导偶极矩会与外加激光场发生作用而产生扭力，这个扭力会使分子轴朝激光偏振的方向偏转，从而导致库仑爆炸后的产物离子集中分布在激光的偏振方向上。实际实验中，判断分子在外加激光场中的准直机制的方法有两种：①比较携带不同电荷数目的同种碎片离子的角度分布，如果随着激光场强度的增强，高电荷态离子比低电荷态离子具有更窄的角度分布，那么就可以断定在此过程中动力学准直机制占主导地位；如果在激光场强度增强的过程中，各电荷态离子的角度分布基本不变，则可以认为在此过程中几何准直机制起主导作用。②比较相同激光场强度下，同种碎片离子在水平偏振与垂直偏振下的产率比 $S_{//}/S_{\perp}$，在动力学准直过程中，随着激光场强度的增加，产物离子在偏振方向的取向程度会增强，因此 $S_{//}/S_{\perp}$ 会增大；反之，在几何准直机制中，随着激光场强度的增加，水平偏振方向上的分子会发生饱和电离，而垂直偏振方向上分子的电离率会增加，因此 $S_{//}/S_{\perp}$ 会减小。

第三节　分子消除反应简介

在高能激发的条件下，一些简单的多原子分子会发生解离产生分子碎片，例如，$H_2O \longrightarrow H_2+O$，$NH_3 \longrightarrow NH+H_2$，$H_2CO \longrightarrow H_2+CO$ 以及 $COCl_2 \longrightarrow Cl_2+CO$，此种反应被称为分子消除反应。不同于传统的解离反应，分子消除反应涉及两个或两个以上化学键的断裂和新的化学键的生成。许多卤代烷烃分子可以发生消除反应产生卤素分子，例如碘溴甲烷分子（CH_2IBr）和二碘甲烷分子（CH_2I_2）可以发生消除反应产生溴化碘分子（IBr）和碘分子（I_2）碎片。本节以二卤代烷烃分子为例，对卤素分子消除反应的机制展开分析。二卤代烷烃发生消除反应生成卤素分子碎片可以表示为：

$$RCHX_2+h\nu \longrightarrow RCH+X_2$$

式中，X 可以是 Cl、Br 或者 I 原子。此消除反应可能通过 3 种机制产生（图 1-12）：①顺序消除机制（非协同机制）[图 1-12（a）]。第一个碳—卤化学键先发生断裂产生第一个卤素原子，接着第二个碳—卤化学键先发生断裂产生第二个卤素原子，随后两个卤素原子发生碰撞，结合形成卤素分子。通过此种机制发生的消除反应是分步反应，卤素分子的形成是此机制的第二步。②同步协同消除机制[图 1-12（b）]。两个碳—卤化学键的断裂是同时开始、同时结束的，并且在化学键断裂过程中两个碳—卤化学键的伸长速率相同，在两个碳—卤化学键断裂之前，新的卤—卤化学键就已经生成。通过第二种机制发生的消除反应是一步反应，整个反应发生在同一个动力学步骤里。发生同步协同机制的分子在解离过程中依然保持 C_{2v} 对称性，因此产生的产物碎片在比较低的转动激发态上。③异步协同消除机制[图 1-12（c）]。两个碳—卤化学键的伸长速率不同，然而两个碳—卤化学键的断裂和新的卤—卤化学键的生成仍然发生在同一个动力学步骤里。发生异步协同消除机制的分子在解离过程中无法保持 C_{2v} 对称性，因此所产生的产物碎片在比较高的转动激发态上。

分子消除反应为加成反应的逆反应。以二溴乙烯分子为例，乙烯分子会使卤素分子中的化学键发生极化而发生亲电加成反应（图 1-13）。在亲电加成反应中，π 电子会进攻不饱和键，使不饱和键打开，形成 σ 键。加成反应可以分为 3 种：第一种路径为自由基路径；第二种路径为离子路径；第三种路径为四中心反应路径。第一种路径和第二种路径都是非协同的反应，是两个溴原子的分步加成反应。第三种路径为协同反应，溴分子化学键的断裂与碳—溴化学键的生成同时进行，发生在同一个动力学步骤里。使用分子束技术，这 3 种路径的逆反应—分子的光解反应便可以实现分子的光解反应，并得到

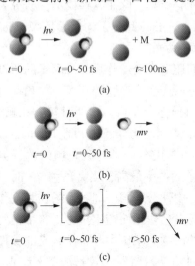

图 1-12　二卤代烷烃分子发生消除反应产生卤素分子的机制（时间尺度通过泵浦-探测实验所得）

（a）顺序（非协同）机制：两个碳—卤化学键依次断裂，由碰撞过程形成卤素分子；

（b）异步协同消除反应机制：两个碳—卤化学键的断裂开始于同一时间，结束于同一时间，且断裂过程中速率相同；（c）异步协同消除反应机制：两个碳—卤化学键的伸长速率不同

了科学家的深入研究。王研究小组和李研究小组研究了 1,2-二溴乙烷分子的光解反应，他们都发现了三体非协同通道 1,2-$C_2H_4Br_2$——→$Br+C_2H_4+Br$。Nathanson 研究小组研究了 1,2-二碘乙烷分子的光解反应，同样也发现了三体非协同通道 1,2-$C_2H_4I_2$——→$I+C_2H_4+I$。在反应的时间尺度上，他们发现第 1 个碘原子的生成需要 200fs 的时间，而第 2 个碘原子的生成则需要 25ps 的时间。林研究小组使用波长为 248nm 的纳秒激光，研究了 1,2-二溴乙烷分子（1,2-$C_2H_4Br_2$）产生溴分子（Br_2）的过程，他们使用腔衰荡吸收光谱（Cavity Ring Down Spectroscopy，CRDS）的方法，这种光谱探测方法的灵敏度优于以前的探测方法。他们发现，1,2-二溴乙烷中性母体分子吸收 1 个光子到达其激发态，激发态的势能面与基态势能面互相耦合，最终在基态势能面上通过异步协同机制产生了溴分子（Br_2）。Zewail 研究小组研究了二碘四氟乙烷分子（$C_2F_4I_2$）的消除反应，发现二碘四氟乙烷分子（$C_2F_4I_2$）和二碘乙烷分子（$C_2H_4I_2$）的光解反应有很大的区别。不同于二碘乙烷分子（$C_2H_4I_2$）的光解反应，二碘四氟乙烷分子（$C_2F_4I_2$）分子发生光解产生的光解产物（C_2F_4I）中，碘（I）原子没有在两个碳原子中形成桥式结构。

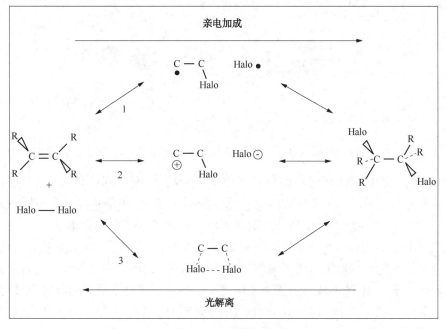

图 1-13　3 种亲电加成路径

对于亲电加成反应而言，第一种和第二种路径的逆反应已经在强激光场下被研究者们进行过广泛的研究，而对于第三种路径的逆过程的研究都是在弱场下研究的，在强场下的相关研究目前依然较少。

第四节　分子内氢转移过程简介

在过去的数十年间，强激光场中分子内超快氢转移过程引起了研究者的广泛关注，这主要有两个方面的原因：①因为分子内氢转移过程本身是一个超快过程；②因为对于分子内氢转移过程的研究有助于我们控制化学键的断裂和生成，对控制化学反应具有十分重要的意义。在分子内氢转移的过程中，氢原子或氢离子（质子）从分子内的一侧转移到另一侧，这种转移会导致分子内化学键的重组和分子结构的变化。强激光场中分子内氢转移过程会引起分子结构的变形和化学键的重组。以甲醇分子（CH_3OH）为例，甲醇分子与强激光场相互作用，发生电离解离过程，产物碎片中可以观察到碎片离子 OH_2^+、OH_3^+ 以及 CH_4^+ 的出现，这便印证了强激光场中（$10^{14}\,W/cm^2$，800nm，60fs）甲醇分子内的甲基基团（—CH_3）和羟基基团（—OH）之间氢转移过程的发生。

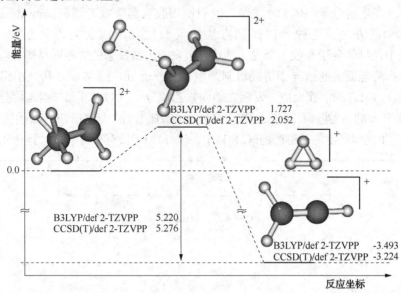

图1-14　乙烷二价母体离子 $C_2H_6^{2+}$ 发生库仑爆炸生成碎片离子 H_3^+ 和 $C_2H_3^+$ 的反应路径图

近年来，通过超快氢转移过程形成的三原子分子离子 H_3^+ 引起了研究者们的广泛注意，且主要有两个方面的原因：一方面是因为三原子分子离子 H_3^+ 本身的特殊性，另一方面是因为三原子分子离子 H_3^+ 在星际化学领域的重要作用。三原子分子离子 H_3^+ 的形成涉及 3 个化学键的断裂以及 1 个三中心—两电子基团之间化学键的形成。三原子分子离子 H_3^+ 的形成第一次在甲醇分子里被发现，后来，研究者们使用重氢原子取代甲醇中的氢原子进行实验，结果观察到了碎片离子 D_2H^+ 的形成，这进一步印证了强激光场条件下分子内氢转移过程的发生。此外，研究发现，处于飞秒强激光场中的 12 种碳氢化合物{甲醇（CH_3OH）、乙醇（C_2H_5OH）、1-丙醇（$CH_3CH_2CH_2OH$）、2-丙醇[（CH_3）$_2CHOH$]、丙酮（CH_3COCH_3）、乙醛（CH_3CHO）、甲烷（CH_4）、乙烷（C_2H_6）、乙烯（C_2H_4）、丙二烯（C_3H_4）、1，3-丁二烯（C_4H_6）、环己烷（C_6H_{12}）}，在与强激光场的相互作用过程中都可以产生三原子分子离子 H_3^+，这说明强激光场中分子内氢转移过程的发生是一个普遍现象。通常情况下，强激光场中通过分子内氢转移过程产生的三原子分子离子 H_3^+ 都来源于二价母体离子的库仑爆炸过程。P. M. Kraus 研究小组使用飞行时间质谱技术，研究了飞秒强激光场中乙烷分子（C_2H_6）的电离解离过程，他们在实验中观察到了三原子分子离子 H_3^+，经过分析确定了 H_3^+ 来源于乙烷二甲母体离子（$C_2H_6^{2+}$）的库仑爆炸过程。结合理论计算，他们研究了二价乙烷离子（$C_2H_6^{2+}$）生成碎片离子 H_3^+ 和 $C_2H_3^+$ 的路径（图1-14）。从图中可以看出，在强激光场的作用下，环己烷二价母体离子（$C_2H_6^{2+}$）的构型完全不同于中性乙烷分子的构型，经过电离后乙烷分子的构型发生了显著变化，整个反应过程涉及氢转移过程的发生以及分子的重组，最终导致三原子分子离子 H_3^+ 的形成。

第二章 量子化学基本原理

第一节 量子化学发展史

量子化学作为理论化学的一个重要分支学科，是使用量子力学中的基本规律和基本方法，研究原子和分子的电子结构性质的一门基础科学，研究范围包括稳定和不稳定分子的结构、性能及其结构与性能之间的关系，分子与分子之间的相互作用，分子与分子之间的相互碰撞和相互反应等问题。目前公认最早的量子化学计算是 1927 年物理学家沃尔特·海特勒和弗里茨·伦敦使用量子力学的基本原理和基本方法研究氢分子结构问题以及同年布劳对氢分子离子的计算，他们开创了量子化学这一交叉学科。海特勒和伦敦对氢分子结构问题的计算，说明了两个氢原子能够结合形成稳定氢分子的原因，并且利用近似的方法计算出了两个氢原子的结合能，提供了价键理论的基础。自此以后，更多的研究者认识到可以使用量子力学的基本原理来研究分子的结构问题，从而丰富和发展了量子力学这一分支学科。

量子化学的发展历程大致可分为两个阶段：第一阶段以 1927 年伦敦和海特勒使用量子力学的基本原理和方法研究氢分子问题为标志，从 1927 年到 20 世纪 50 年代末，这段时间为学科创建时期。这个时期的主要标志是 3 种化学键理论，即价键理论、分子轨道理论、配位场理论的建立和发展，以及分子间相互作用的量子化学研究。在 3 种化学键理论中，价键理论是莱纳斯·鲍林在氢分子模型的基础上发展起来的，其图像与经典原子的价键理论相接近，因此被化学家们普遍接受，鲍林因为这一理论获得了 1954 年度的诺贝尔化学奖。分子轨道理论最早是由物理化学家罗伯特·S·马利肯于 1928 年提出的，埃里希·休克尔在 1931 年发展了马利肯的分子轨道理论，并将其应用于对苯分子等共轭体系的处理，其提出的简单分子轨道理论在早期处理共轭分子体系时发挥了重要作用。分子轨道理论得到光电子能谱实验的支持，计算相对简便，因此在化学键理论中占主导地位。配位场理论是 1931 年由汉斯·贝特等在讨论过渡金属离子在晶体场中的能级分裂状况时提出的，后来配位场与分子轨道理论相结合，成为现代的配位场理论。量子化学研究早期，由于受计算手段的限制，较为直观的价键理论占主导地位，20 世纪 50 年代后，随着计算机的出现和发展以及高斯函数的引进，分子轨道理论的优势开始凸现出来，并逐步取代价键理论，成为化学键理论中的主导理论。第二阶段是 20 世纪 60 年代以后，主要标志是计算量子化学的研究，其中严格计算的半经验计算（Semi-Empirical）全略微分重叠和间略微分重叠方法、从头计算（Abinitio）等方法的出现，提高了计算的精度，扩大了量子化学的应用范围。许来拉斯在 1928 ~1930 年期间对氦原子进行了计算，詹姆斯和库利奇在 1933 年对氢分子进行了计算，他们都得到了与实验值非常接近的结果。随着计算精度的提高，人们于 20 世纪 70 年代又重新对氦原子和氢分子进行了计算，得到的理论值几乎与实验值完全相同。计算量子化学的发展，使计算原子数较多的分子体系成为可能，并加速了量子化学向其他学科的渗透。

量子化学的研究范围可以分为两类，分别为应用研究和基础研究。应用研究主要是使用量子化学方法和计算结果处理化学问题和解释化学现象。基础研究是建立量子化学的计算方法和多体方法，寻求量子化学中的自身规律。量子化学在有机化学、无机化学、生物学、表面吸附和催化、药物化学、生物学、物理学等其他分支学科中的广泛应用，导致了一些边缘交叉学科的建立。随着计算机技术水平的进一步提升，量子化学这一理论结合计算的实践也得到了不断的发展和完善，并将在原子簇化学、分组动态学、催化与表面化学、生物与药物大分子化学等其他边缘分支学科的研究领域发挥更大的作用。

第二节 量子化学理论

1. 哈特里—福克理论

1928 年，道格拉斯·哈特里提出了哈特里方程，通过该方程指出，每一个电子都是在其余电子所提供的平均势场里运动的，可以通过迭代法给出每个电子的运动方程。1930 年，弗拉基米尔·福克对哈特里方程补充了泡利原理，提出了哈特里—福克方程。哈特里—福克（Hartree-Fork，HF）方程，又称哈特里—福克方法，是应用变分法计算多电子系统波函数的方程式，是量子化学、量子物理、凝聚态物理学等学科中最重要的方程之一。基于分子轨道理论的所有量子化学计算方法都是以 HF 方程为基础的，鉴于分子轨道理论在现代量子化学中的广泛应用，HF 方法被人们称为现代量子化学的基石。

HF 方程的基本思路为：多电子体系波函数是在体系的分子轨道波函数基础上构造出来的斯莱特行列式，而体系的分子轨道波函数是由体系中所有原子的轨道波函数通过线性组合所构成的，那么不改变方程中的算符和波函数形式，仅仅改变构成分子轨道的原子轨道函数的系数，就能使体系的能量达到最低点，这一最低能量便是体系的电子总能量的近似，而在这一点上获得的多电子体系波函数便是体系波函数的近似。HF 方程采用了独立子模型，将多电子问题简化为单电子问题。

采用玻恩—奥本海默（Born-Oppenheimer）近似，分子（或多电子原子）中电子运动的薛定谔（Schrödinger）方程的形式如下：

$$\hat{H}\varphi = E\varphi \tag{2-1}$$

其中哈密顿算符 H 可以表达为：

$$\hat{H} = \sum_i \hat{h}(x_i) + \sum_{i<j} \hat{g}(x_i, x_j)$$

$$\hat{h}(x_i) = -\frac{1}{2}\nabla_i^2 + \sum_a \frac{Z\alpha}{r_{ia}}$$

$$\hat{g}(x_i, x_j) = \frac{1}{r_{ij}} \tag{2-2}$$

式（2-2）中，$\hat{h}(x_i)$ 仅含有单个电子，因此称为单电子算符，$\hat{g}(x_i, x_j)$ 含有两个电子，因此称为双电子算符。采用单电子近似方法，多电子原子和分子的波函数可表示为由一组分子轨道 $\{\varphi_i\}$ 构成的行列式波函数，分子轨道由 HF 方程决定，HF 方程为：

$$F_i\varphi = \varepsilon_i\varphi_i \tag{2-3}$$

式中，F_i、φ_i 分别为 Fock 算符，体系的单电子波函数；ε_i 为分子轨道的轨道能量，eV。

对于原子问题，将原子轨道看作是球谐函数和径向部分波函数的乘积，HF 方程便可以简化成为径向方程，采用数值方法进行求解。然而，对于多原子分子问题，对 HF 方程进行数值求解则非常困难。罗汉特(Roothaan)于 1951 年提出，可以将分子轨道向组成分子的有限个原子轨道(简称 AO)展开，按一定精度逼近分子轨道，这样的分子轨道称为原子轨道的线性组合(简称 LCAO)。使用这种方法，原来一组非线性微积分形式的 HF 方程就被转化成为一组数目有限且易于求解的代数方程，称为哈特里—福克—罗汉特(Hartree - Fork - Roothaan，HFR)方程。这些用于展开的原子轨道(基函数)通常是以原子为中心的函数，例如 Gauss 函数、Slatter 函数等。使用基函数来处理 HFR 方程，得到罗汉特方程：

$$\sum_i (F_{\mu v} - \varepsilon_i S_{\mu v}) C_{vi}; \ (\mu = 1, 2, \cdots, m; \ i = 1, 2, \cdots, m) \tag{2-4}$$

$$F_{\mu v} = h_{\mu v} + G_{\mu v} \tag{2-5}$$

$$G_{\mu v} = \sum_\lambda \sum_\sigma [2(\mu v \mid \lambda \sigma) - (\mu \sigma \mid \lambda v)] P_{\sigma \lambda} \tag{2-6}$$

$$P_{\sigma \lambda} = \sum_j^{occ} c_{\sigma j} c_{\lambda j}^* \tag{2-7}$$

式中，$F_{\mu v}$、$h_{\mu v}$、$G_{\mu v}$、$P_{\mu v}$、$S_{\mu v}$ 分别为福克(Fork)矩阵、哈密顿(Hamilton)矩阵、电子排斥矩阵、密度矩阵和重叠矩阵；μ、v、λ、σ 为基函数标记；m 为原子轨道的个数。

罗汉特方程中包含分子轨道，含有未知的展开系数，因此不便于直接求解，只能使用自洽场迭代的方法来进行求解。一般情况下，先猜测一个初始密度矩阵，用正交化过程计算重叠矩阵元 $S_{\mu v}$ 和福克矩阵元 $F_{\mu v}$，求解罗汉特方程。然后使用得到的占据分子轨道构造新的密度矩阵 $P_{\mu v}$，再次计算福克矩阵元 $F_{\mu v}$，如此循环往复，直到密度矩阵自洽为止，这种方法称为 Self-Consistent Field(SCF)方法。

HF 方程中的迭代运算是对分子轨道本身的迭代，在迭代过程中每次都需计算交换势和库仑势，这些计算的计算量都很大，因此在很多场合下都比较难以计算。而在 HFR 方程中的迭代是对分子轨道系数的迭代，一旦基函数选定，一切单电子、双电子积分便被固定，仅需计算一次，工作量大大减小。由此可知，HFR 方程实质上是代数迭代，比 HF 方程的计算量小很多。轨道近似忽略了电子相关效应，因此哈特里方程既没有考虑库仑相关效应，也没有考虑自旋相关效应，而 HF 方程或者 HFR 方程只考虑了自旋相关效应，未考虑库仑相关效应，因而在很多场合下计算精度不够。处理电子相关效应的量子化学计算方法主要有：多组态自洽场、耦合簇方法理论、组态相互作用、多体微扰理论、密度泛函理论等。

2. 组态相互作用

组态相互作用(Configuration Interaction，CI)是一种后 HF 方法，是组态空间的线性变分处理，是最早计算电子相关能的方法之一，求解的是多电子体系在玻恩—奥本海默近似下的非相对论薛定谔方程。"相关"的意思是不同电子构型之间的混合，因此组态相互作用又被称为组态混合或者组态叠加。对于一个给定的参考组态，有单激发(Single Excitation)、双激发(Double Excitation)、三激发(Trible Excitation)等。与之相对应的，有单激发组态相互作用计算(Single Excitation Configuration Interaction，CIS)、单双激发组态相互作用计算(Single - Double Excitation Configuration Interaction，CISD)以及单双重三重组态相互作用计算(Single Double Triple Excitation Configuration Interaction，CISDT)等。与 HF 方法相比，为了计入电子相关作用，CI 方法使用了由组态态函数(CSF)线性耦合得到的变分波函数，而这些组态态函数是由自旋轨道构建的。假设所研究的体系中，占据自旋轨道的数目为 N，空自旋轨道的

数目为 M，则组态相互作用的波函数为：

$$|\psi> = c_0|\psi_0> + \sum_{i=1}^{N}\sum_{a=1}^{M} c_i^0|\psi_i^n> + \sum_{i<j}^{N}\sum_{a<b}^{M} c_{ij}^{ab}|\psi_{ij}^{ab}> + \sum_{i<j<k}^{N}\sum_{a<b<c}^{M} c_{ijk}^{abc}|\psi_{ijk}^{abc}> + \cdots \quad (2-8)$$

式中，$|\psi_0>$ 是一参考组态波函数，$|\psi_i^n>$ 是单激发组态波函数，$|\psi_{ij}^{ab}>$ 是双激发组态波函数，$|\psi_{ijk}^{abc}>$ 是三激发组态波函数，c_0，c_i^n，c_{ij}^{ab} 和 c_{ijk}^{ab} 都为待求解的系数，可以通过线性变分法进行计算。在这里，ψ 通常是指体系的电子基态。如果展开项包括了合适对称性的所有可能的 CSF，那么就是完全组态相互作用（Full Configuration Interaction），它可以准确的求解由单粒子基组限定的空间内的电子薛定谔方程。式（2-8）中的第一个就是 HF 行列式，其他的构型态函数可以通过虚轨道和 HF 行列式中的自旋轨道交换的数目来表示。如果仅有 1 个自旋轨道不一样，则被称为单激发行列式；如果有两个自旋轨道不一样，则被称为双激发行列式；如果有 3 个自旋轨道不一样，则被称为三激发行列式，以此类推。例如，CID 方法仅包含了双重激发项，CISD 方法包含了单激发项和双激发项。单激发项不和 HF 行列式相混合。很多标准的程序中都有 CID 和 CISD 方法。戴维森校正可以被用于评估相对于 CISD 能量的矫正以说明更高的激发。在求解 CI 方程的同时，也可以得到近似的激发态，这些激发态的系数是不一样的。

CI 计算中存在一个比较困难的问题，即组态波函数的个数极多。以单重态为例，来考察 k 重激发的组态波函数的个数。k 重激发的的意思是由 k 个电子从 N 个占据轨道激发出来，进入到 M 个空轨道中。因此，k 重激发的总组态的数目可以表示为 $\binom{N}{k} \times \binom{M}{k}$，即使采用一个中等大小的基组，对一个中等大小的体系，k 重激发的总组态的数目依然是一个非常大的数目。由此可以看出，对于完全的组态相互作用方法，虽然将所有的组态波函数都考虑了进来，具有大小一致性的特点，但其计算的时间长，且需要巨大的硬件资源，因此这个方法只能用于相对较小的体系。在稍大的体系、具体的计算过程中通常是行不通的。若采取截断的 CI 方法（Truncated CI），仅仅选取部分组态波函数来参与计算，例如对于双激发组态 $|\psi_{ij}^{ab}>$，可以选择降低组态波函数的数目，但此时不满足大小一致性的要求。如果要满足大小一致性的要求，通常要考虑到四激发组态的贡献。

3. 电子密度泛函理论

密度泛函理论（Density Functional Theory，DFT）是一种研究多电子体系电子结构的量子力学方法，在物理及化学领域都有广泛应用，尤其是在研究分子和凝聚态的性质方面应用较多，是计算化学领域和凝聚态物理计算材料领域最常用的方法之一。密度泛函理论的指导思想是使用电子密度函数取代波函数作为研究的基本量来描述和确定体系的性质。

密度泛函理论的概念虽然起源于 Thomas-Fermi 模型，然而直到 Hohenberg 和 Kohn 证明了基态分子能量和其他电子的性质只由电子密度 $\rho(r)$ 决定之后才有了坚实的理论基础。

Hohenberg-Kohn（HK）第一定理的表述为：对于一个共同的外部势 $V(r)$，多电子体系非简并基态的所有性质都是由（非简并）基态电子密度分布 $\rho(r)$ 的泛函，即对于给定的原子核坐标，电子密度唯一地决定基态的能量和性质。

Hohenberg-Kohn 第二定理的表述为：对于给定的外势 $V(r)$，真实的电子密度使能量的密度泛函 $E(\rho)$ 取最小值。此定理证明了以基态密度为变量，将体系能量最小化之后就得到了基态能量。此定理给出了密度泛函理论的变分法，是密度泛函理论进行实际应用的基础。

20

　　HK 定理指出基态分子的所有性质可以通过求解基态电子密度 $\rho(r)$ 来获得，然而要获得分子的基态电子密度 $\rho(r)$ 以及基态能量 E_0，还需要借助 Kohn-Sham(KS) 方法来实现。在 Kohn-Sham DFT(KS DFT) 框架中，最难处理的多体问题被简化成了一个没有相互作用的电子在有效势场中运动的问题。这个有效势场包括外部势场和电子间库仑相互作用，例如交换和相关作用。KS 方程为：

$$\left[-\frac{1}{2}\nabla^2 + V_{\text{eff}}(r) \right]\varphi_i(r) = \varepsilon_i\varphi_i(r) \tag{2-9}$$

$$V_{\text{eff}}(r) = V(r) + \int \frac{\rho(r')}{|r-r'|}dr' + V_{\text{XC}}(r) \, ; \, V_{\text{XC}}(r) = \frac{\delta E_{\text{XC}}[\rho]}{\delta\rho(r)} \tag{2-10}$$

式中，$V_{\text{eff}}(r)$、$V_{\text{XC}}(r)$ 分别代表电子有效势、交换相交势，eV；$E_{\text{XC}}[\rho]$ 为交换相关能泛函。假定一个初始值 $\rho(r)$，就可以建立 $V_{\text{eff}}(r)$，从而求解出新的 $\rho(r)$，如此循环往复直至自洽，可以得到系统的总能量为：

$$E = \sum_i^n \varepsilon_i - \frac{1}{2}\iint \frac{\rho(r)\rho(r')}{|r-r'|}drdr' + E_{\text{XC}}[\rho] - \int V_{\text{XC}}(r) + V_{\text{XC}}(r)\rho(r)dr \tag{2-11}$$

　　由此可知，将密度泛函理论的 KS 方法用于实际计算，就必须求得交换相关泛函 $E_{\text{XC}}[\rho]$ 或者 $V_{\text{XC}}(r)$ 与 $\rho(r)$ 之间的泛函关系，因此，处理交换相关作用是 KS DFT 的难点。目前并没有精确的求解交换相关能的方法，最简单的近似求解方法为局域密度近似(Local Density Approximation，LDA)。LDA 近似使用均匀电子气来计算体系的交换能，而相关能部分则采用对自由电子气进行拟合的方法来处理。对于均匀电子气模型来说，电子密度的分布是均匀的，泛函值与坐标变量 r 无关，可以精确求解其交换能。然而，对于实际的分子体系，电子密度分布是不均匀的，假设在很小的空间体积元内，电子密度可以看成是均匀分布的，在此空间体积元内便可以近似使用自由电子气模型来求解相关能，对于不同位置 r 点的电子密度 $\rho(r)$ 不同，动能密度和势能泛函是位置 r 的函数，如此便可求出分子体系的相关能。

　　自 1970 年以来，DFT 理论在固体物理学的计算中得到了广泛应用。在通常情况下，与其他解决量子力学多体问题的方法相比，采用 LDA 近似的 DFT 理论给出了非常令人满意的结果，同时固态计算的费用少于实验费用。尽管如此，LDA 对于实际分子体系的计算仍然存在着较大误差，计算得出的相关能比精确值大约要高出两倍，交换能的相对误差约为 10%，误差的绝对值大于总的相关能，从而导致计算所获得的键能数值偏高。为了减小误差，一些提高近似能量密度泛函精度的模型被提出来，例如自相关矫正(Self-Interation Correction，SIC)，杂化密度泛函，广义密度梯度近似(Generalized Gradient Approximation，GGA)和超密度梯度近似(meta-GGA)等。在实际应用中，GGA 类型的密度泛函近似和杂化泛函使用较多。

　　目前，研究者已提出了多种 GGA 型交换能泛函表达式。例如 Becke 在 1988 年提出的 B88 表达式：

$$E_X^{B88}[\rho_\sigma, x_\sigma] = E_X^{LDA}[P_\sigma] - b\rho_\sigma^{4/3}\frac{\delta E_{\text{XC}}[\rho]}{1+6bx_\sigma\sinh^{-1}x_\sigma}dr \tag{2-12}$$

$$x_\sigma = |\nabla\rho_\sigma|\rho_\sigma^{-4/3} \tag{2-13}$$

　　式(2-12)中，x_σ 称为约化密度矩阵，是一个无量纲量；通过拟合惰性气体原子的已知参数得知 $b=0.042$；$E_X^{B88}[\rho_\sigma, x_\sigma]$ 只存在 1 个可调参数，可以将局域近似泛函的交换能误差降低约两个数量级。交换能泛函 $PW91$ 的表达式为：

$$E_X^{PW91}[\rho_\sigma,\ x_\beta] = \frac{1}{2}(E_X^{PW91}[2\rho_\sigma] + E_X^{PW91}[2\rho_\beta]) \tag{2-14}$$

$$E_X^{PW91}[\rho] = -\frac{3}{4}\left(\frac{3}{\pi}\right)^{1/3}\int\rho^{3/4}(r)F(x)\,\mathrm{d}r \tag{2-15}$$

$$F(x) = \frac{1+0.19654(hx)\sinh^{-1}(7.7956hx)+(hx)^2\{0.2743-0.1508\exp[-100(hx)^2]\}}{1+0.19645(hx)\sinh^{-1}(7.79556hx)+0.0004(hx)^4}$$

$$\tag{2-16}$$

PBE 泛函对 $PW91$ 泛函进行了改进，改进以后的表达式为：

$$E_X^{PBE}[\rho,\ x] = E_X^{LDA}[\rho] - C_X\int a\left(1-\frac{1}{1+bx^2}\right)\rho^{4/3}(r)\,\mathrm{d}r \tag{2-17}$$

$$C_X = \frac{3}{4}\left(\frac{3}{\pi}\right)^{1/3} \tag{2-18}$$

式中，a、b 为非经验参数，其值依次分别为 0.804、0.273。

梯度矫正的 PBE 泛函也对 $PW91$ 进行了改进：

$$E_C^{PBE}[\rho,\ \xi] = E_C^{LDA}[\rho,\ \xi] + \int G[t(r)]\rho(r)\,\mathrm{d}r \tag{2-19}$$

$$G[t(r)] = cf^3(\xi)\ln\left[1+gt^2\left(\frac{1+Bt^2}{1+Bt^2+B^2t^4}\right)\right] \tag{2-20}$$

$$B = g\left[\exp\left(-\frac{\varepsilon_C^{LDA}}{cf^3(\xi)}-1\right)\right]^{-1} \tag{2-21}$$

式中，c 和 g 是非经验参数，其数值依次分别为 0.031091、2.146119。

目前使用比较广泛的相关能泛函是李振德、杨伟涛和 Parr 提出的，是将密度梯度校正值和 E_C^{LDA} 合并在一起的 LYP 泛函。杂化型泛函（Hybrid）也是一种常用的泛函类型，是将近似变换—相关能泛函和 HF 交换能按一定比例混合而得到的。杂化型泛函中最流行的是 Becke 三参数杂化泛函，$B3LYP$ 表达式为：

$$E_X^{B3LYP} = (1-a)E_X^{LSDA}+aE_X^{HF}+bE_X^{888}+cE_C^{LYP}+(1-c)E_C^{LSDA} \tag{2-22}$$

式中，参数 $a=0.2$，$b=0.7$，$c=0.8$。B3PW91、B3P86 等杂化方法在构型优化、光谱计算、能量计算等方面都可以得到比较理想的结果。

HF 方法在处理开壳层体系时有自旋"污染"，而 DFT 在处理开壳层体系时无明显的自旋"污染"倾向，然而使用 DFT 方法来恰当的描述分子间的相互作用，尤其是范德瓦耳斯力（Cander Waals）或者半导体能隙还是比较困难的。且用 DFT 处理氢键等以静电作用为主的化学键其结果不甚很精确。

4. 多体微扰理论

多体微扰理论是一种基于分子轨道理论的高级量子化学计算方法，以 HF 方程的自洽场解为基础，应用微扰理论，求得考虑了相关能的多电子体系近似解，是应用比较广泛的高级量子化学计算方法。多体微扰理论是 1934 年由量子化学家 Christian Møller 和 Milton Spinoza Plesset 提出的，因此，这一方法经常以二人名字的缩写 MP 来表示，MPn 表示多体微扰的 n

级近似。

微扰方法是量子力学中重要的近似方法之一，要求将复杂体系的哈密顿算符分解为可以精确求解项和微扰项两部分。微扰方法的基本思想是寻找一个尽量接近 H 的算符 H_0，且 H_0 的解已知。然后再用逐级近似的方法，近似求解 H 的本征方程。

若多电子体系含有 N 个电子，则其定态 Schrödinger 方程可以表示为：

$$\hat{H}\psi_i = E_i\psi_i \tag{2-23}$$

将多电子体系哈密顿算符分解为 HF 算符和微扰项的代数和：

$$\hat{H} = \hat{H}_0 + \hat{V}$$

$$\hat{H}_0 = \sum_i^N f_i \tag{2-24}$$

上式中，算符 V 是算符 H_0 的微扰项。其解是已知的，其本征值和本证函数分别为 E_i^0 和 ψ_i^0。

在多体微扰理论下，基态零级能量就是构成基态斯莱特行列式的各分子轨道能的代数和，零级波函数就是基态斯莱特行列式波函数。由此可看出，多体微扰理论的零级能量精度低于 HF 方程所得到的能量精度。

根据微扰理论，能量的一级修正 $E_0^{(1)}$ 可以表示为：

$$E_0^{(1)} = \langle \psi_0^{(0)} | \hat{V} | \psi_0^{(0)} \rangle \tag{2-25}$$

将微扰算符 V 的表达式代入得到：

$$E_0^{(1)} = \langle \psi_0^{(0)} | \hat{H} | \psi_0^{(0)} \rangle - \langle \psi_0^{(0)} | \hat{H}_0 | \psi_0^{(0)} \rangle$$

$$= E_0^{HF} - \sum_\alpha^N \varepsilon_\alpha \tag{2-26}$$

通过式（2-25）可知，经过能量的一级修正后体系能量可以表示为：

$$E = E_0^{(0)} + E_0^{(1)}$$

$$= \sum_\alpha^N \varepsilon_\alpha + E_0^{(HF)} - \sum_\alpha^N \varepsilon_\alpha$$

$$= E_0^{(HF)} \tag{2-27}$$

根据微扰理论，能量的二级修正 $E_0^{(2)}$ 可以表示为：

$$E_0^{(2)} = \sum_{n\neq0} \frac{|\langle \psi_0^{(0)} | \hat{V} | \psi_n^{(0)} \rangle|^2}{E_0^{(0)} - E_n^{(0)}} \tag{2-28}$$

式（2-27）中，$\psi_n^{(0)}$ 为 HF 哈密顿算符本正能量 $E_n^{(0)}$ 的波函数，其本质是体系激发态的斯莱特行列式。可以证明，只有对双激发的斯莱特行列式才有 $|\langle \psi_0 | V | \psi_{\alpha,\beta}^{r,s} \rangle| \neq 0$。因此，体系能量的二级修正可以表示为：

$$E_0^{(2)} = \sum_{\alpha<\beta, r<s} \frac{|\langle \psi_0 | \hat{V} | \psi_{\alpha,\beta}^{r,s} \rangle|^2}{\varepsilon_\alpha + \varepsilon_\beta - \varepsilon_r - \varepsilon_s} \tag{2-29}$$

将分子项展开，可以得到：

$$E_0^{(2)} = \sum_{\alpha<\beta, r<s} \frac{|\langle \chi_\alpha\chi_\beta \| \chi_r\chi_s \rangle|^2}{\varepsilon_\alpha + \varepsilon_\beta - \varepsilon_r - \varepsilon_s}$$

最终体系经过二级修正的基态能量可以表示为：

$$E_0^{(2)} = E_0^{(HF)} + \sum_{\alpha < \beta, \, r < s} \frac{|\langle \chi_\alpha \chi_\beta \| \chi_r \chi_s \rangle|^2}{\varepsilon_\alpha + \varepsilon_\beta - \varepsilon_r - \varepsilon_s} \qquad (2-30)$$

由于式子中 ε_r、ε_s 是体系未占据分子轨道的轨道能，在基态，其能量恒高于 ε_α、ε_β，所以能量的二级微扰是一个负值。可以看出，考虑二级微扰的体系能量低于 HF 方程多得到的体系能量，这一差异来自于电子相互作用。考虑二级修正的多体微扰计算称为 MP2。

更高级的修正是以较低级的修正为计算基础，随着修正级别的提高，计算量也在急剧增加。从理论上讲，随着修正级别的提高，最终的体系能量会逐渐逼近于真实值，目前的计算方法最高可以进行 MP5 计算，即体系的五级修正。

MPn 方法是一种高级的量子化学计算方法，在所有考虑相关能的计算方法中，MPn 方法的计算量是最小的。MP1 可以达到 HF 方法的计算精度，MP2 一般可以达到 60% 的相关能，MP4 一般可以达到 85% 的相关能。

MPn 方法是一个大小一致的方法，即对于电子数不同的体系，使用 MPn 方法计算的精度是相同的，这一特性使得 MPn 方法在描述闭壳层体系的电子结构，计算相关能，优化平衡几何结构型以及计算原子和分子体系的各种物理性质等方面起到了非常大的作用。但是由于 MPn 方法是以 HF 方程为基础，因而受到 HF 方程的局限，对于那些应用 HF 方程不能很好处理的体系，如非限制性开壳层体系，MPn 方法也不能很好地处理。

5. 自然键轨道理论

1955 年，Per-Olov-Lowdin 首次提出了自然轨道的概念，指出可以使用一组自然轨道组合成一个单电子基函数，并且由此基函数构成 N 粒子体系的电子组态，这样就能实现在 CI 展开时用相对于正则 HF 轨道基更少的组态。Reed 和 Weinhold 等组成的研究小组在此基础上加以扩展，比较系统地提出了自然键轨道、自然自旋轨道和自然杂化轨道等概念，并发展成为一套理论，即自然键轨道理论（Natural Bond Orbital，NBO）。通过轨道的类型、NBO 分析，研究者们可以很容易地得到分子中的原子集居数，各种分子轨道的构成、类型，以及分子内、分子间超共轭相互作用。

NBO 是一种对密度矩阵部分对角化，从而将分子轨道部分定域化的量子化学理论。从广义上来说，根据对角化和定域化程度的不同，该理论中研究的轨道包括自然原子轨道（Natural Atomic Orbitals，NAO）、自然杂化轨道（Natural Hybrid Orbitals，NHO）、自然键轨道（Natural Bond Orbitals，NBO）以及自然半定域化分子轨道（Natural Localized Molecular Orbitals，NLMO）。这些自然轨道可以视作从原子轨道线性组合得到分子轨道的中间步骤，按照定域化程度由低到高，它们的关系可以表示为：原子轨道→NAO→NHO→NBO→NLMO→分子轨道。在化学计算中，自然轨道用于计算电子密度在原子上与在分子间的化学键上的分布。这些轨道在相应的氮原子或者双原子区域内具有“最大占据数”的特点。即以自然轨道为基来表示一阶约化密度矩阵时，矩阵的对角元能够尽可能大，通常可以非常接近或者可以达到 2。预示自然键轨道就给出了波函数对应的最主要的自然路易斯结构。自然路易斯结构上对应的自然键轨道占据数通常包括了绝大部分的电子密度，对于常见的有机分子，占据数可达到 99% 以上。

NBO 的自然布居分析方法用于在一般原子轨道基组中计算原子电荷以及分子波函数的轨道布居数，是基于自然原子轨道基组，NAO 形成的政教归一化基组横跨整个轨道空间，其自然布居必然是正值，且其布居数总和恰好等于分子总电子数目。此外，NAO 本质上是波函数，而不是筛选的特殊轨道基。因而不论基组怎样扩大，其占据数都内收敛于一个比较稳定的数值。

以 NAO 为基础的布居分析称为自然布居分析（Natrual Population Analysis，NPA）。原子 A 的 $\varphi_i^{(A)}$（NAO 轨道）的自然布居是以 NAO 为基的密度矩阵的对角元：

$$\varphi_i^{(A)} = \langle \varphi_i^{(A)} \mid \hat{T} \mid \varphi_i^{(A)} \rangle \tag{2-31}$$

式中，T 为单粒子密度算符，A 原子上的总电子数和净电荷分别可以表示为：

$$\varphi^{(A)} = \sum_i \varphi_i^{(A)} \tag{2-32}$$

$$Q^{(A)} = Z^{(A)} - \sum_i \varphi_i^{(A)} \tag{2-33}$$

NBO 布居分析不同于传统的 Mulliken 布居分析，它可以显示出更高的数值稳定性，并且能够更好地描述有较高离子特征的化合物（如含金属原子的复合物等）中的电子分布，克服了 Mulliken 布居分析方法的弱点。

第三节 常见基组介绍

基组是量子化学理论中的专用术语。在量子化学理论中，基组是用于描述体系波函数的若干具有一定性质的函数，是分子中分子轨道的数学描述，可以解释为把电子限制到特定的空间区域里。从头算法中的基函数，必须满足 3 个条件：①它们是一个完备的集合，任意的分子轨道可以由它们通过线性组合而得到；②它们与被描述的分子或者原子体系有正确的近似关系，可以使用较少的基函数比较精确地描述分子轨道；③这组基函数所定义的分子积分，尤其是多中心电子积分计算较为简单，自洽迭代收敛较快。

基组是量子化学从头计算的基础，在量子化学计算中有着非常重要的意义。基组的概念最早产生于原子轨道，随着量子化学的发展，现在量子化学中基组的概念已经被扩展，不再局限于原子轨道的概念。在量子化学计算中，基组的选择与体系有很大关系，不同的体系需要选择不同的基组。构成基组的函数越多，基组越大，对计算的限制性就越小，计算的精度也越高，同时，计算量也会随着基组的增大而剧增。

1. 斯莱特型基组

斯莱特型基组就是原子轨道基组，基组由体系中各个原子中的原子轨道波函数组成。其表达形式为：

$$\Phi_{1s} = \left(\frac{\zeta^3}{\pi}\right)^{\frac{1}{2}} \exp(-\zeta \mid \vec{r} - \vec{R}_A \mid) \tag{2-34}$$

斯莱特型基组是最原始的基组，函数形式有明确的物理意义，轨道基函数适于描述电子云的分布，在反映分子中电子运动时比其他基函数具有优越性，但是在计算积分时会包括对无穷级数的积分，计算过程十分复杂，在计算多中心双电子积分时，计算量很大，因而随着量子化学理论的进一步发展，此类型的基组已被淘汰。

2. 高斯型基组

高斯型基组是使用高斯型函数替代了原来的斯莱特函数，其表达形式为：

$$\Phi_{1s}^{SF}(\alpha,\ \vec{r}-\vec{R}_A)=\left(\frac{2\alpha}{\pi}\right)^{\frac{3}{4}}\exp(-\alpha\mid\vec{r}-\vec{R}_A\mid^2) \tag{2-35}$$

高斯函数可以将三中心和四中心的双电子积分转化为二中心的双电子积分，可以使计算得到一定程度的简化。然而，高斯函数不能满足原子核处波函数的奇点条件，这导致直接使用高斯型函数构成的基组会使量子化学计算的精度下降。

3. 压缩高斯型基组

压缩高斯基组是用压缩高斯函数构成的量子化学基组。在量子化学计算中，为了方便计算双电子积分，通常会使用收缩型高斯函数描述原子轨道。高斯函数可以简化多中心积分计算，然而直接作为基函数线性组合成分子轨道的高斯型基组本身和电子运动的真实图像之间存在巨大差异。为了结合二者的优点，量子化学家使用多个高斯型函数进行线性组合，这样获得的新函数可以作为基函数参与量子化学计算。通过这种方法获得的基组，一方面可以沿用高斯型函数在数学上的良好性质，便于进行量子化学计算；另一方面可以较好的模拟原子轨道波函数的形态。在目前的量子化学计算中，压缩型高斯基组的应用最为广泛，量子化学家可以选择不同形式的压缩型基组来计算不同的研究体系。

基组 STO-3G 是最小规模的压缩高斯型基组，又称为最小基组，STO 为斯莱特型原子轨道的英文缩写，3G 是指 3 个高斯型函数(GF)通过线性组合的方式构成每个斯莱特型原子轨道。在基组 STO-3G 中，每个原子轨道使用 3 个高斯型函数来描述，原子轨道的数目即为基函数的数目，对每个原子轨道的 HF 方程进行自洽场计算，便可以获得高斯型函数的指数和组合系数。例如 O：1s 2s 2p，原子轨道的数目为 1+1+3=5(个)，GF 数目为 3×5=15(个)。基组 STO-3G 规模最小，因此计算量也是最小的，但其缺点是计算精度很差，一般在计算较大分子体系的时候使用较多。

4. 劈裂价键基组

由量子化学理论可知，随着基组规模的增大，量子化学计算的精度会得到提高，当基组的规模趋于无穷大时，量子化学的计算结果也趋近于真实值。加大基组的规模，即增加基组中基函数的数量表，可以提高量子化学的计算精度。增大基组规模的一种方法是劈裂原子轨道，即使用多个基函数描述一个原子轨道。

劈裂价键基组便是使用上述方法构造出来的较大型的基组，"劈裂价键"是指使用多个基函数来描述价层电子的原子轨道。常用的劈裂价键基组主要有：6-311G、6-31G、4-31G、4-21G、3-21G 等基组。在这些基组中，"-"前面的数字表示组成内层电子原子轨道的高斯型函数的数目，"-"后面的数字表示构成价层电子原子轨道的高斯型函数的数目。

对于 3-21G 基组，其含义是内层的每个原子轨道用 3 个高斯函数描述，价层的原子轨道劈裂为两组，分别用 2 个和 1 个高斯函数描述。显然，3-21G 的 GF 数目与 STO-3G 是相同的。例如，O：1s 2s 2p，内层为 1s，原子轨道数目为 2，GF 数目为 3；价层 2s 的原子轨道数目为 2×1=2，GF 数目为 2+1=3；价层 2p 的原子轨道数目为 2×3=6，GF 数目为 3×2+3×1=9，共 9(1+2+6) 个原子轨道和 15(3+3+9) 个 GF。对 Mg：1s 2s 2p 3s 3p，内层 1s，2s 和 2p 共有 5(1+1+3) 个原子轨道和 15(3×5) 个 GF，价层 3s 有 2 个原子轨道和 3 个 GF，价层 3p 有 6 个原子轨道和 9 个 GF，故共 13(5+2+6) 个原子轨道和 27(15+3+9) 个 GF。

对于 6-31G 基组，其含义与 3-21G 基组类似，内层的每个原子轨道用 6 个高斯函数描述，价层的原子轨道劈裂为两组，分别用 3 个和 1 个高斯函数来描述。例如，O: 1s 2s 2p，内层为 1s，原子轨道数目为 1，GF 数目为 6；价层 2s 的原子轨道数目为 2×1=2，GF 数目为 3+1=4；价层 2p 的原子轨道数为 2×3=6，GF 数目为 3×3+3×1=12，共 9(1+2+6) 个原子轨道和 15(6+4+12) 个 GF。对 Mg: 1s 2s 2p 3s 3p，内层 1s，2s 和 2p 共有 5(1+1+3) 个原子轨道和 30(6×5) 个 GF，价层 3s 有 2 个原子轨道和 4 个 GF，价层 3p 有 6 个原子轨道和 12 个 GF，故共 13(5+2+6) 个原子轨道和 46(30+4+12) 个 GF。

相比于 STO-3G 基组，劈裂价键基组可以更好地对体系的波函数进行描述，同时计算量也会明显增加，因此，在实际使用过程中要根据研究体系的不同来选择适当的基组进行计算。

5. 极化基组

在实际的化学计算中，劈裂价键基组不能较好地描述体系电子云的变型等性质，为解决这一问题，方便计算强共轭体系，量子化学家在劈裂价键基组的基础上，添加一个或者多个极化函数，从而组成了极化基组，极化函数是指具有比原子价轨道更高角量子数的高斯函数。

极化基组是以劈裂价键基组为基础，引进更高能级原子轨道对应的基函数，例如第一周期的氢原子 H 的价轨道为 1s，则其极化函数为 p 型 GF；第二周期的碳原子 C、氧原子 O 的价层为 p 轨道的原子，它们的极化函数应为 d 型或者 f 型轨道；类似地，过渡金属原子的极化函数为 f 型轨道等。经过计算，这些新添加的波函数无电子分布，但是实际上仍然会对内层电子产生影响。因此，相对于劈裂价键基组，引入极化基函数的极化基组可以更好的描述分子体系。例如，对于羰基基团中的 C、O 原子，它们的极化轨道（即 d 轨道）之间形成的 dπ 轨道，使 C 原子的 pπ 轨道朝着 O 原子方向极化，O 原子的 pπ 轨道朝着 c 原子的方向极化，从而增强了 C 原子与 O 原子之间的 π 作用（图 2-1）。

图 2-1　加入极化后羰基基团中的 C 原子与 O 原子之间的 π 作用

由于极化轨道的使用，增强了价轨道的空间柔软程度，因此极化轨道的使用场合主要在于环状化合物，例如有机环状化合物以及含有桥联结构的金属簇合物等。

极化基组的表示方法沿用劈裂价键基组的表示方法，只是需要在劈裂价键基组符号的后面加上一些符号"∗"、"∗∗"、(d)、(d, p)、(3df, 3pd) 等进行区分。当只需要添加一个极化函数时，可以使用"∗"和"∗∗"来表示，其中"∗"等价于(d)，含义是对非氢原子添加一个极化轨道，"∗∗"等价于(d, p)，含义是对非氢原子添加一个极化轨道的同时对氢原子添加一个 p 极化轨道。当需要添加多个极化函数时，可使用(nd, mp) 和 (ndf, mpd) 来表示，其中 (nd, mp) 的含义是对非氢原子核氢原子分别添加 n 和 m 个极化函数，(ndf, mpd) 的含义是对非氢原子核氢原子分别添加 n 个极化函数和 1 个具有更高角动量的极化函数，对氢原子分别添加 m 个 p 极化函数和 1 个 d 极化函数。例如，对 H_2O 分子进行计算时选择使用 6-31G(2df, 3pd) 基组，其含义是对 H_2O 分子中的氢原子，在 6-31G 基组上添加 3 个 p 轨道和 1 个 d 轨道，对 H_2O 分子中的氧原子，则在 6-31G 基组上添加 2 个 d 轨道和 1 个 f 轨道。

对于不同的基组，可以添加的极化函数的数目是不同的。

6. 弥散基组

在高斯函数中，变量 α 对函数形态有重要作用，当 α 的值很小时，函数图像会朝着偏离原点的方向弥散；当 α 的值很大时，函数图像会朝着原点附近聚焦。这种 α 值很小的高斯函数便是弥散函数。弥散基组是在劈裂价键基组的基础上引进了弥散函数，弥散函数的引入可以使得电子云伸展到更大的范围，允许轨道占据更大的空间，这样的基组可用于非键相互作用体系的计算。对于含有孤电子对的体系、弱相互作用体系、共轭体系、负离子体系和激发态体系，使用弥散函数来描述分子的结构会更为准确。对于带有较多电荷的体系，采用标准的基组来描述是不够的，此时也需要添加弥散函数，以增加价轨道在空间上的分布范围，即极化函数用于改进价轨道的角度分布，而弥散函数则用于改进价轨道的径向分布。

弥散函数是指具有较小轨道指数的高斯函数，其表示方法是在标准基组后加"+"或者"++"。例如基组 6-311G+(d, p) 是在基组 6-311G(d, p) 的基础上对非氢原子添加了弥散函数，基组 6-311G++(d, p) 中的第一个"+"表示在基组 6-311G(d, p) 的基础之上对非氢原子添加了弥散函数，第二个"+"表示在基组 6-311G(d, p) 的基础上对氢原子添加了弥散函数。实际计算过程中会发现，是否对氢原子添加弥散函数对计算精度的影响较小。

7. 高动量基组

高动量基组是在极化基组的基础上添加高能级原子轨道对应的波函数，是对极化基组的扩大。6-31G(2d) 基组就是在基组 6-31G 基础上添加了两个 d 轨道函数，而 6-311++G(3df, 3pd) 则是在基组 6-31G 基础上添加了众多极化函数，包括在重原子和氢原子上添加弥散函数，3 个分裂的价键基组，在氢原子上添加 3 个 p 函数和 1 个 d 函数，在重原子上添加 3 个 d 函数和 1 个 f 函数。高动量基组通常用于电子相关方法中描述电子间的相互作用。

8. 赝势基组

赝势基组是指不计算内层电子，而是将内层原子的影响用一个势函数来替代，放在哈密顿算符里面。赝势基组实际上包括赝势和基组两个部分，即对内层电子采用赝势(Effective Core Potential, ECP)，对外层价电子采用一般的基组。通常情况下，对重元素使用赝势基组，其中，对于过渡金属原子，一般使用 lanl 系列的基组，对于主族元素，采用 cep 系列的基组，sdd 基组相对较少使用。相对于全电子基组，赝势基组的适用范围要更广，一般除了少数稀土和放射性元素以外，均可以使用赝势基组。在使用赝势基组时，必须根据所采用的赝势基组，检查体系的总电子数是否正确。使用赝势基组一般有下述 3 个原因：①体系没有对应的全电子基组；②为了减少计算量；③赝势基组包含了对于重金属的相对论效应的修正。

对于 lanl1 系列的基组，只考虑价层电子，如 V 原子为 5；对于 lanl2 系列的基组，除了要考虑价层电子以外，还需要考虑次外层的电子(对部分主族元素例外)，如 V 原子数为 5+8=13；对于其他的赝势基组，在使用时需仔细核查。

在使用 lanl 系列基组时需注意，对于 H-He 范围的原子，lanl1mb 和 lanl2mb 基组等价于 STO-3g 最小基组；lanl1dz 和 lanl2dz 等价于 D95 基组；对于含金属-金属键体系一般使用 lanl2 系列基组，而不使用 lanl1 系列基组。其中，mb 结尾的含义为"minimal basis"，dz 结尾的含义为"double-zeta"，因此后者基函数的数目多于前者。

9. 混合基组的使用

混合基组指的是对于不同的原子，根据实际情况使用不同的基组。实际计算过程中，有时候需要对同一化合物中的不同原子采用不同的基组。例如，对于 $Mo(CO)_2$ 化合物，C 和 O 原子可以采用 6-31+G 基组，但是 Mo 原子不在 6-31+G 基组的使用范围之内，因此必须对 Mo 原子另外使用其他的基组。另外，当体系较大时，不可能对所有原子均采用较大的基组，此时就可以对其中的局部原子采用精度较高的基组进行描述，而对于其余原子采用小基组进行描述。

第四节　量子化学常用软件

使用量子化学软件的目的在于使复杂的量子化学计算过程程序化，从而便于人们的使用、提高计算的效率并且具有较强的普适应。大部分量子化学软件均采用 Fortran 语言（Fortran 77 或者 Fortran 90）编写，通常是由上万行语句所组成的。

根据分类的标准不同，量子化学软件可以分为不同的类型。依照计算原理的不同，量子化学软件可以分为两类，第一类原理是基于从头算法或者第一性原理方法（Abinitio/First principles），主要的量子化学软件有 Gaussian、ADF、Gamess、VASP、Dalton、Dmol、Crystal、Wien 等；第二类软件的原理是基于半经验或者分子动力学方法，主要的量子化学软件有 NNEW3、MOPAC、EHMO 等。根据研究对象的不同，量子化学软件也可以分为两类：第一类研究对象为研究有限尺度体系（分子、簇合物等），主要的量子化学软件有 Gaussian、Dalton、MOPAC、ADF、Gamess、EHMO 等；第二类研究对象为无限周期重复体系（晶体、表面、固体、链状聚合物等），主要的量子化学软件有 VASP、Crystal、Wien、NNEW3 等。本节将主要对 Gauusian 软件进行介绍。

Gauusian 软件是由 People 等编写，经过几十年的发展和完善，现在该款软件已经发展成为计算结果具有较高可靠性的、国际普遍认可的量子化学软件，此软件包含从头算法、半经验算法、分子力学算法等多种方法，并且可以适用于不同尺度的有限体系，除了部分稀土元素和放射性元素以外，此软件还可处理元素周期表中其他元素形成的各种化合物。

Gauusian 软件适用的体系为气相分子或者溶液，可以对基态（Ground State）、激发态（Excited State）以及反应过渡态（Transition State）的结构进行优化，可以计算体系处于基态和激发态的能量，分子内某一化学键的键能、电子亲和能及电离能，可以计算体系的红外（IR）光谱、核磁共振（NMR）谱、拉曼（Raman）光谱、吸收/发射光谱以及二阶或者三阶非线性光学性质，还可以计算电荷分布和电荷密度、偶极矩和超极矩、热力学参数等。

能量的计算是 Gauusian 软件的一个基础功能。理论上讲，计算中所选取的基组越大，计算的结果越准确，但由于实际中受到硬件条件的限制，需要根据具体情况来选择基组。此外，对于环状分子或者存在 π 作用的体系，通常需要考虑使用极化基组，对于带有较多电荷的体系，或者考察弱相互作用的体系，一般需要考虑弥散基组的使用。例如，对于氧气（O_2）而言，因为 O_2 中存在 π 作用，因此极化函数的影响要比弥散函数的影响大；对于氧气二价阴离子（O_2^{2-}）而言，因为体系携带有较多的负电荷，因此弥散函数的影响大于极化函数。对于复杂体系，特别是含有过渡金属原子的体系，多重度的选取凭经验不易得到，这种情况下，通常可以比较不同多重度下体系的能量来确定体系的基态能量。

化合物的构型优化也是高斯软件的常用功能之一，构型优化过程是建立在能量计算基础之上的。通常情况下，稳定构型指的是具有最低能量的构型，即此构型处于势能面上的能量最低点(极小点)。此外，Gauusian软件还可以对非基态的构型进行优化，比如对于过渡态构型和激发态构型的优化。进行构型优化操作时，需要注意以下几点：①构型优化所需要的时间与初始构型的选择有着密切的联系，如果想要缩短构型优化所需要的时间，就要尽可能给出较为准确的初始构型，例如采用X衍射实验结果等。②实际的量子化学计算中，对于较大体系的构型优化往往须要耗费大量时间，为了缩短时间，可以采用分布优化的方法，即首先采用较小的基组对体系的构型进行优化，然后再将此步骤所得到的构型作为初始构型，加大基组进一步进行构型优化，该方法尤其适合于初始构型不确定的情形。③由于构型优化涉及到多变量的优化过程，优化的最终结果对于初始构型的依赖较大，即不能保证优化的最终结果对应于能量的极小点，这是由于化合物势能面的复杂性引起的(图2-2)。因此，为了保证得到的构型对应于能量极小点，通常需要在构型优化的基础上进一步进行频率计算，如果计算所得到的结果存在明显的虚频(负的频率)，则所得到的构型并非对应于能量极小点。④除初始构型对优化结果有较大的影响外，体系对称性的限制也会影响最终优化得到的构型。默认情况下，在结构优化的过程中，体系的对称性是保持不变的，即分子所属的点群是不变的。以NH_3为例，假设初始构型将NH_3定义为平面型(D3h)，则最终无法得到属于C3v群的NH_3。为了解决这个问题，可以在关键词一行输入nosymm，这样就可以取消对称性上的限制。

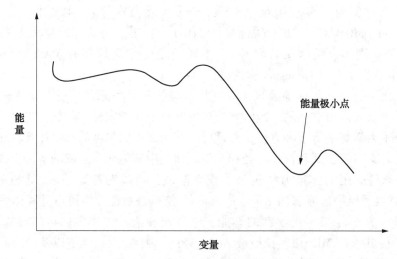

图 2-2 势能曲线上的能量极小点

对于过渡态构型的优化，就频率方面而言，过渡态的构型需要有一个明显的虚频；就能量方面而言，过渡态可以看作势能面上的一个鞍点，它在自由度为N的能量空间中，只在其中一个自由度方向的能量为极大值，而在其他$(N-1)$个自由度方向上的能量都为极小值。对于已知过渡态构型的情况，Gauusian软件提供了3种过渡态构型优化的方法：第一种方法的关键词为"OPT=TS"，此时用户只需提供一个初始构型，该软件便会根据用户提供的初始构型来优化过渡态构型；第二种方法的关键词为"OPT=QST2"，此时用户需要预先给出两个构型，这两个构型分别对应于反应物和生成物的构型，该软件会根据用户提供的反应物和生成物的构型来优化过渡态构型；第三种方法的关键词为"OPT=QST3"，此时用户除需要提供反应物和生成物这两个构型以外，还需要提供过渡态的初始构型，此后该软件会根据用户提供的这 3 个构型来优化过渡态构型。对于 QST2 和 QST3 方法，用户给出的多个构型描述中，原子的次序应该要保持一致。

在得到过渡态的构型以后，有时候需要进一步对反应路径进行考察。虽然连接反应物和生成物的反应路径可能不止一种，但研究者们通常最关心的是连接反应物和生成物的能量最低的反应路径(MEP)，因为这条路径具有最大的统计概率，因此也是实际上最有可能发生的过程。在 Gauusian 软件中，考察反应路径可以使用"IRC"(内反应坐标，Intrinsic Reaction Coordinate)关键词，使用该关键词的前提是已经获得了过渡态的构型及其所对应的力常数，力常数可以在频率计算时获得，也可以在命令行加上关键词"irc = calcfc"来获得。使用 Gauusian 软件计算出来的 IRC 路径的图如图 2-3 所示。

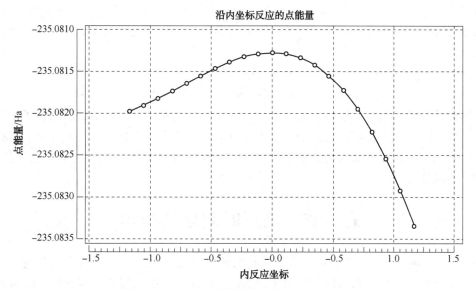

图 2-3 Gauusian 软件计算出来的 IRC 路径图

第三章 光解产物离子的探测技术

自20世纪60年代以来，随着激光技术的快速发展，分子光电离和光解离过程作为分子反应动力学中单分子反应的重要分支，引起了越来越多研究者的关注。通常情况下，研究者们是通过分析化学反应所生成最终产物的信息来反演得到此反应的动力学过程。因此，如何高效的探测、分析反应的最终产物便成为了研究分子光电离解离过程的首要问题。收集效率和分辨效率更高的探测手段可以帮助研究者们对分子与激光场的相互作用过程建立起更加清晰的认识。

通常情况下，分子光电离和光解离反应动力学中，具有代表性的反应过程有两种，可以表示为：

$$AB + nh\nu \longrightarrow AB^* \longrightarrow A + B^*$$
$$AB + nh\nu \longrightarrow AB^+ \longrightarrow A + B^+$$

虽然分子在激光场中有很多种反应形式，但是不难发现，这些反应的产物粒子大体可分为两类，分别是中性产物碎片和离子产物碎片。本章主要介绍激光与原子或分子系统相互作用后产生的离子产物碎片的探测技术，该类技术主要有两种探测手段，分别为飞行时间质谱技术和离子成像技术。

第一节 飞行时间质谱技术

20世纪40年代，研究者们设计出了飞行时间质谱仪。由于当时仪器设备和电子技术都非常落后，导致飞行时间质谱仪的分辨率很低(低于100)，因此很难得到推广。随着科学技术的进步，飞行时间质谱仪不断发展和完善。到20世纪80年代末期，Hillenkamp等发明了基质辅助激光解吸电离/飞行时间质谱仪(Matrix-assisted Laser Desorption Ionization/Time of Flight Mass Spectrometry)，从此飞行时间质谱的应用进入了新的时代，而飞行时间质谱仪测定的分子质量数也扩展到了几十万原子单位。

对于分子与激光相互作用所产生的产物离子的一维探测，通常使用飞行时间质谱技术(Time of Flight Mass Spectrometry，TOF-MS)来分辨分子在不同激光场条件下产生的离子信号。TOF-MS技术是研究强激光场中分子电离和解离的十分重要的基础技术。TOF-MS的工作原理为：中性母体分子与激光发生相互作用，通过光电离和光解离过程所产生的碎片离子在外电场的作用下进行加速，加速后的碎片离子经过自由漂移区后被探测器接收。整个过程的飞行时间t可以测量得到，由于碎片离子的质荷比m/q与其飞行时间t的平方成正比，因此可将测得的碎片离子的飞行时间t转化为碎片离子的质荷比m/q。探测的过程中，质荷比m/q比较小的碎片离子优先到达探测器，而质荷比m/q比较大的碎片离子随后到达探测器，如此便将分子与激光相互作用过程中产生的碎片离子按照质荷比m/q由小到大展开了。通常情况下，碎片离子飞行时间t的数量级为微秒量级。

一套标准的飞行时间质谱仪包括3部分，分别为加速区、自由飞行区和探测区，其结构简图如图 3-1 所示。

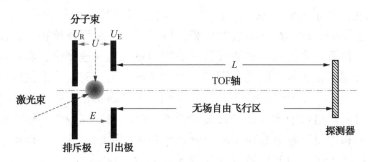

图 3-1　飞行时间质谱仪 TOF-MS 简图

加速区由一对电极组成，这一对电极分别为排斥极（Repeller）和引出极（Extractor）。分子与激光发生相互作用，所产生的碎片离子在这一对电极产生的电场作用下发生加速，得到一定的动能，随后碎片离子脱离加速场进入无场自由漂移区，进而被探测器探测到。可以根据实际探测的需要，对排斥极和引出极施加不同极性和不同大小的电压。如果要探测的是正离子，则在排斥极和引出极这两个极板上均施加正电压，并保证排斥极所施加的电压 U_R 大于引出极所施加的电压 U_E；若要探测的是负离子信号，则在排斥极和引出极这两个极板上都施加负电压，并且保证排斥极所施加的电压 U_R 小于引出极所施加的电压 U_E。

TOF-MS 的关键在于将产物碎片离子的飞行时间 t 转换为相对应的质荷比 m/q，从而实现对产物碎片离子的探测和记录。设加速场的电压为 U，则产物离子经过加速后所获得的速度 v 可以表示为：

$$v = (2qU/m)^{1/2} \qquad (3-1)$$

产物离子在加速电场中的飞行时间极短，因此产物离子的飞行时间 t 近似等于产物离子在自由飞行区所飞行的时间。设自由飞行区的长度为 L，则该产物离子经过无场漂移区到达探测器前端表面所需要的飞行时间 t 可以表示为：

$$t = L/v \qquad (3-2)$$

将式（3-1）代入到式（3-2），可以得到：

$$t = L(m/2qU)^{1/2} \qquad (3-3)$$

式（3-3）表明，碎片离子的飞行时间 t 只与其质荷比 m/q 有关。m/q 越大，则飞行时间 t 越长；m/q 越小，则飞行时间 t 越短。对于一套固定的飞行时间质谱仪而言，L、U 为定值，因此 t 可以改写为：

$$t = a + b(m/q)^{1/2} \qquad (3-4)$$

具体实验中，为了方便对数据进行分析，人们通常都会将飞行时间 t 轴转换为质荷比 m/q 轴，变换公式为：

$$m/q = 1/b(t-a)^2 \qquad (3-5)$$

式（3-5）表明，实验上一旦测得了产物离子的飞行时间 t，便可知其质荷比 m/q，式中 a、b 是跟飞行时间质谱仪自身结构相关的参数，为固定的数值。

飞行时间质谱仪中的探测器一般都是微通道板（MCP），对离子信号的采集主要有两种方式：①离子信号撞击探测器微通道板产生电流，将电流信号引出后转换为电压信号，通过数据采集卡传递给计算机获得飞行时间质谱图；②在探测器微通道板后面接一块荧光屏

（Screen），产物离子撞击微通道板后产生的电子会轰击荧光屏并发出荧光，使用光电倍增管（PMT）可以将荧光信号采集后传输给示波器，从而获得飞行时间质谱图。两种方法各有优势，前者的优势是质谱分辨率高，后者的优势是可以与离子成像系统相结合使用。

飞行时间质谱仪有很多优点，例如仪器的结构简单、扫描速度快，而且可以同时测量很多离子。但它的分辨率比较低，因此，很多学者对经典的飞行时间质谱仪进行了改进。具有代表性的创新有两个：① 1955 年 W. C. Wiley 和 I. H. Mclaren 改进的飞行时间质谱仪，他们在传统的飞行时间质谱仪中加入了二级栅网结构（图 3-2），这种结构的加入可以大大减少离子源的空间分布以及能量分布对于离子分辨率造成的影响，从而使得离子源的空间分布有所减小，大大提高了飞行时间质谱仪的分辨率。W. C. Wiley 和 I. H. Mclaren 设计的质谱仪不同于传统的质谱仪，它在加速场中新加入了接地极，这样加速场便由 3 个电极板组成；并且在引出极和接地极中透过离子的区域引入了金属栅网结构。②引入了共振增强多光子电离（Resonance Ehanced Multi-photon Ionization，REMPI）技术，实现了对分子电离解离过程中某些激发态的选择性激发。除了以上两项创新以外，由于四级杆质谱仪对质量的超高分辨特性，许多研究小组将四级杆质谱仪引入飞行时间质谱仪，形成了四级杆飞行时间串联质谱仪，也称为平动能光谱仪。平动能光谱仪具有超高的质量分辨特性，可以得到特定质量离子的动能及角度分布等信息，可以分析分子与激光作用的一些动力学过程。

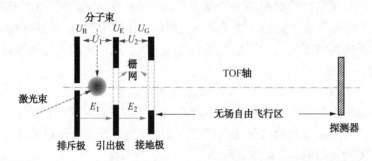

图 3-2　W. C. Wiley 和 I. H. Mclaren 设计的飞行时间质谱仪简图

飞行时间质谱技术在研究分子与激光相互作用的光电离和光解离过程中起到了重要作用，但是其缺点也比较明显：①只能提供碎片离子的速度分布在某一个方向上的投影；②得出来的信息不够直观；③无法同时既获得动能分布又获得角度分布信息等。因此，在飞行时间质谱仪的基础上，研究者们发明了离子成像技术。

第二节　离子成像技术的发展

采用成像技术来分析和研究化学动力学过程，是由 J. Solomon 等在 1967 年提出的。当时成像技术还存在很多不足，在定量分析方面还不完善，但却为研究化学动力学过程提供了很好的思路。20 年后的 1987 年，D. Chandler 和 P. Houston 提出了速度成像技术。他们在传统的飞行时间质谱仪中，使用一束偏振方向平行于探测器平面的激光作为解离激光，采用二维探测技术，将三维的光解投影到二维平面进行成像，然后使用逆阿贝尔数学变换等方式，重构出离子在三维空间内的分布，这样便利用二维技术对光解离的三维信息进行了研究。这种二维离子成像技术存在一些缺陷，例如会在光解激光的行进方向上产生具有一定长度的离子源空间分布，这种分布会造成离子速度的分辨模糊，导致信号的分辨率降低。

为了改进二维离子成像技术的缺陷，提高离子速度成像的分辨率，A. T. J. B. Eppink 和 D. H. Paker 对上述成像装置进行了改进，使用 W. C. Wiley 和 I. H. Mclaren 提出的 3 个极板代替了传统成像装置中的两个极板，用栅网替代了中间开有圆孔的极板，这样就使得电场对离子具有聚焦作用，这种聚焦作用类似于光学中透镜对于光的聚焦，人们形象地将其称为"离子透镜系统"（Ion Lens）。离子透镜系统可以将速度相同、位置不同的离子聚焦到同一个点上，这样离子速度的分辨率将显著提高。

第三节　二维离子成像技术

1. 二维离子成像技术原理

离子成像技术是将所获得离子的二维分布通过数学变换，反演得到离子的三维空间强度分布，其原理图如图 3-3 所示。

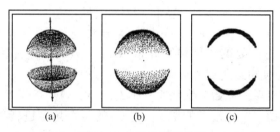

（a）　　　　　　　（b）　　　　　　　（c）

图 3-3　离子成像原理图

（a）激光偏振方向上的产物碎片的三维空间分布；（b）三维分布的产物碎片在二维探测器上的投影；
（c）使用逆阿贝尔变换反演得到的产物碎片的原始三维强度分布

当分子与线偏振激光发生相互作用时，产生的产物碎片会在激光的偏振方向上有一定的强度分布[图 3-3（a）]。实验探测中，使用类似于飞行时间质谱仪的仪器可以将光解产物碎片的三维分布投射到二维探测器的表面上，由二维探测器探测得到产物离子的图像[图 3-3（b）]。实验上采集到光解产物的二维图像后，经过逆阿贝尔数学变换，可以重构出碎片离子在三维空间的原始强度分布，从而实现对激光与分子相互作用的反应动力学信息的反推[图 3-3（c）]。

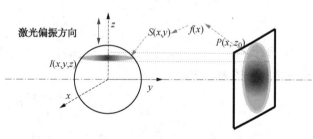

图 3-4　逆阿贝尔变换原理图

逆阿贝尔变换的原理如图 3-4 所示。该变换原理假设激光与分子发生作用，产生的碎片离子的分布为柱对称分布，此柱对称分布的轴为激光偏振方向 z 轴。分子与偏振方向在 z 轴的偏振激光发生作用后，产物碎片沿方向在 y 轴的探测器飞行。设 $I(x, y, z)$ 为碎片离子在激光偏振方向的空间分布，$p(x, z)$ 为碎片离子的三维空间分布在探测器 y 方向上投影，则碎片在三维空间的布 $I(x, y, z)$ 与其投影 $p(x, z)$ 之间满足下面的关系式：

$$p(x, z) = \int_{-\infty}^{+\infty} I(x, y, z) \mathrm{d}y \tag{3-6}$$

35

实验中，采集得到的图像为碎片离子的二维分布 $p(x, z)$，要从 $p(x, z)$ 重构出碎片离子的原始三维分布 $I(x, y, z)$，就需进行一系列数学处理。首先，从所得到的二维图像中沿 x 轴取一行图像 $p(x, z)$，固定 z 的数值为 z_0，就可以得到 $z = z_0$ 时，沿 x 轴的图像 $f(x) = p(x, z_0)$。则 $f(x)$ 可看作是三维原始分布 $I(x, y, z)$ 在其 z 轴 $z = z_0$ 处的切面 $s(x, y)$ 的投影。$s(x, y)$ 呈现以 z 轴为对称轴的圆柱形分布，因此可以使用极坐标的形式表示，即 $s(x, y) = s(r)$，式中 $r = (x^2 + y^2)^{1/2}$。由于 $f(x)$ 可以由下面的式子来表示：

$$f(x) = \int_{-\infty}^{+\infty} S(\sqrt{x^2 + y^2}) \, \mathrm{d}y = 2\int_{0}^{+\infty} S(\sqrt{x^2 + y^2}) \, \mathrm{d}y \tag{3-7}$$

将坐标转换为极坐标形式，即将式子 $r = (x^2 + y^2)^{1/2}$ 代入式（3-7），并且应用阿贝尔变换，可以得到下面的表达式：

$$f(x) = \int_{x}^{+\infty} \frac{r \cdot s(r)}{\sqrt{r^2 - x^2}} \mathrm{d}r \tag{3-8}$$

对式（3-8）采用逆阿贝尔变换，可以得到 $s(r)$ 的表达式为：

$$s(r) = \frac{1}{p} \int_{x}^{+\infty} \frac{\mathrm{d}f(x)/\mathrm{d}x}{\sqrt{r^2 - x^2}} \mathrm{d}x \tag{3-9}$$

通过这种方法，便将 z_0 处的二维强度分布 $f(x) = p(x, z_0)$ 转换成了三维空间的分布 $s(x, y) = s(r)$。如此，便可以将二维分布 $p(x, z)$ 上的任意一点 z 对应到相应的三维强度分布，这样就得到了反演以后的原始三维强度分布 $I(x, y, z)$。

对于重构出来的原始三维强度分布 $I(x, y, z)$ 的每个角度进行速率积分，就可以得到速率分布 $P(v)$；对每个速率进行角度积分，就可以得到角度分布 $P(\theta)$，其中，θ 表示在质心坐标系下碎片离子的反冲方向与激光偏振方向的夹角。在具体的实验分析过程中，速率分布 $P(v)$ 一般被转换为其相对应的平动能分布 $P(E)$，通过分析碎片离子的平动能谱可以得出碎片离子的反应通道和反应过程中可资用能的分配情况。对于角度分布 $P(\theta)$，一般采用勒让德多项式拟合的方法，获得碎片产物的各向异性参数 β，拟合的公式可以表示为：

$$P(\theta) = \frac{1}{4\pi} [1 + P_2(\cos\theta)] \tag{3-10}$$

式中，$P_2(\cos\theta)$ 为二阶勒让德多项式，Bersohn 等根据准双原子分子模型推导得出了 β 值在理论上的具体表达式：

$$\beta = 2 \frac{1 + \omega^2 \tau^2}{1 + 4\omega^2 \tau} P_2(\cos\chi) \tag{3-11}$$

式中，ω 为分子在反应过程中的转动频率，rad/s；χ 为碎片离子反冲方向与分子跃迁偶极矩之间的夹角，rad；τ 为分子激发态的解离寿命，s。

相对于激光脉冲的持续时间而言，分子的转动速度非常慢，即 $\omega\tau \ll 2\pi$，则 β 可以由下式表示：

$$\beta \approx 2P_2(\cos\chi) = 3\cos\chi - 1 \tag{3-12}$$

可以看出，碎片离子的各向异性参数 β 的取值范围为：$-1 \leqslant \beta \leqslant 2$。当 β 的取值为 $\beta = -1$ 时，表明碎片离子的反冲方向与分子的跃迁偶极矩垂直，此时对应于 $P(\theta) = 3\cos^2\theta$；当 β 的取值为 $\beta = 2$ 时，表明碎片离子的反冲方向与分子的跃迁偶极矩平行，此时对应于 $P(\theta) = 3/2\sin^2\theta$；当 β 的取值为 $\beta = 0$ 时，此时 $P(\theta) = 1$，表明碎片离子在空间中的分布呈现出各向同性的特征。因此，通过拟合实验中所获得的产物碎片离子的角分布 $P(\theta)$，就可以获得各向异性参数 β 的数值，从而可以获得跃迁偶极矩的取向，母体分子的解离寿命，激发态分子对称性变化等动力学方面的信息。

但是，不可以直接使用公式(3-9)对实验上所获得的产物图像进行反演，这是因为式(3-9)还要对 $f(x)$ 进行微分计算，而且式(3-9)在 $x=r$ 处是奇点，而实验中需要的数据恰恰是 $x=r$ 附近的数据，因此研究者们提出一些方法来解决此问题。这些方法主要有傅立叶变换方法(Fourier Transform)，三点阿贝尔去卷积方法(Three-point Abel Deconvolution)，直接反推法和Shepp-Logan过滤器方法等。

2."单栅网式"离子成像装置

离子成像技术装置是由飞行时间质谱装置发展而来的，其将飞行时间质谱仪的探测装置做了替换。分子与外激光场发生相互作用，产生的产物碎片离子经过加速电场加速后，获得一定的动能，飞入无场自由漂移区后由微通道板MCP和荧光屏Screen收集。飞行时间质谱装置的探测设备为光电倍增管PMT，可以获取产物碎片离子的飞行时间质谱图；而离子成像装置的探测设备为一个功能类似于照相机的电荷耦合设备(Charge Coupled Device，CCD)，可以获取产物碎片碎片离子的二维成像图，二维离子成像的实验装置简图如图3-5所示。

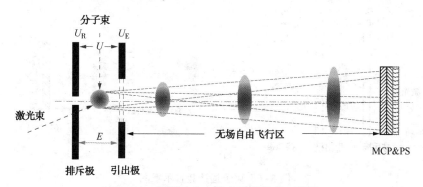

图 3-5 单栅网式二维离子成像装置简图

激光与分子束在图3-5所示的排斥极与引出极中间的反应区域发生作用，发生光电离和光解离，产生一系列产物碎片离子，碎片离子在加速电场 E 的作用下，穿过引出极中心的金属栅网，进入无场自由飞行区，碎片离子撞击微通道板MCP产生电子，产生的电子经过MCP倍增后，轰击荧光屏Screen产生荧光信号，CCD相机对可以对此荧光信号进行拍摄，这样便可以得到碎片离子的原始三维空间分布在二维探测器上的影像图。

离子影像技术比一维的飞行时间质谱技术更为优越，随着离子成像技术的日渐成熟，它成为研究者们研究分子反应动力学过程的主要技术手段，在早期的光解实验中被广泛使用。但是该技术依然存在着一定的缺陷，主要是由引出极的单栅网电极造成的。我们知道，单栅网电极的引入能够很大程度上提高碎片离子产物的透过率，有助于提高实验效率。但是，栅网电极的使用会引起栅网周围的电场分布产生畸变，从而导致碎片离子信号的运动路径有所发散，影响碎片离子在空间中的原始三维分布。另外，分子束与激光场作用后并不是一个理想的"离子源"，而是在激光聚焦方向上形成一个条状分布的离子源，这样就会造成碎片离子在经过电场后的成像图发生模糊，图像的分辨率也较低。

3."离子透镜式"离子成像装置

单栅网电极的引入会造成图像分辨率低、离子源发散等问题。为解决这些问题，Andre T. J. B. Eppink 和 David H. Parker 于 1997 年对离子成像仪中的电极板进行了改进，提出了一种新的技术，他们使用中间开有圆孔的金属圆板作为电极，替代了传统的栅网电极，用 Wiley-McLaren 的三级电极代替了"单栅网"式离子成像装置中的二级电极。改进后的装置没有栅网，因此不会造成碎片离子飞行轨迹的弥散，并且透过率也高于"单栅网"式离子成像装置，可以达到百分之百的透过率。由于此装置的电极结构所形成的电场类似于光学中的聚焦透镜，可以对特定的碎片离子进行空间上的聚焦，因此被称为"离子透镜"（Ion Lens）装置（图 3-6）。

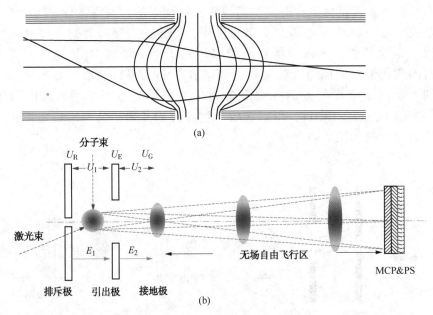

图 3-6　离子透镜装置示意图

（a）"离子透镜式"装置对碎片离子的聚焦示意图；（b）"离子透镜式"离子成像装置对碎片离子的示意图

"离子透镜"式离子成像装置采用中间开有圆孔的金属圆板作为极板，在排斥极和引出极施加一定比例的电压，通过简单的调节排斥极电压 U_R 和引出极电压 U_E 之间的比例，"离子透镜"装置便可以将光解作用区域中具有相同速度、空间分布在不同位置的碎片离子聚焦在探测器屏幕的同一点上。

离子速度成像技术具有直观、快速、获取信息多和实用性强等优点，从而为更为精确的研究光电离和光解离过程提供了技术支持，被广泛应用于各种光解离动力学实验研究中，而且在整个分子反应动力学的研究领域中发挥着重要作用。

第四节　三维离子成像技术

采用二维离子速度成像技术所得到的碎片离子的图像，虽然可以通过逆阿贝尔变换重构出产物碎片离子的原始三维空间分布，但是仍然存在着一些问题，主要表现在以下 3 个方面。

（1）实际的实验过程中，产物碎片离子的空间分布未必都沿着激光的偏振方向，而逆阿贝尔变换在重构碎片离子的原始三维空间分布时默认为碎片离子的空间分布都是沿着激光偏振方向的，这样就会导致重构出来的结果有所失真，从而降低实验数据的准确度。

（2）逆阿贝尔变换在对二维碎片离子的图像进行重构时，对激光的偏振方向有严格的要求，它要求解离激光的偏振方向必须跟飞行时间轴垂直，这就限制了一些动力学实验的进行，很多动力学实验要求两束激光的偏振方向不同，比如双色场的泵浦—探测（Pump - Probe）实验中，探测光的偏振方向往往会选择与激发光的偏振方向垂直。

（3）逆阿贝尔变换在对二维图像进行重构的过程中，会在激光的偏振方向上产生大量人工噪声，这种噪声会降低由原始三维强度计算得到的离子速度分布和角度分布的实验精度。

基于二维离子成像的这些缺点，研究者们开始探索直接获取产物碎片离子原始三维分布信息的方法。2001 年和 2003 年，在离子速度成像技术的基础上，T. N. Kitsopoulos 研究小组和 A. G. Suits 研究小组分别提出了三维切片成像技术，这种技术可以直接得到碎片离子的三维分布信息。三维切片成像技术的原理如图 3-7 所示。

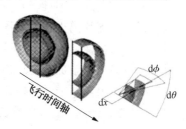

图 3-7 三维切片成像技术的原理图

Kitsopoulos 和 Suits 等提出的三维成像技术的原理为：激光与分子相互作用时会发生电离和解离，产生的产物碎片离子沿着飞行时间轴方向飞向探测器，飞行的过程中会形成一系列牛顿球（Newton Sphere），每个牛顿球都包含了分子电离和解离的相关信息，而沿着飞行轴方向半径最大的牛顿球切片则包含了分子电离和解离过程中的所有动能分布信息和角度分布信息。因此，实验上可以通过获得产物碎片离子的切片成像图的强度分布，通过能量和角度的分析了解分子电离和解离的整个过程。

传统的离子速度成像技术中，产物碎片离子形成的离子云，会被静电场在其飞行方向进行压缩，这样就会使碎片离子到达探测器平面的时间宽度仅约为几十纳秒，从而导致碎片离子很难通过微通道板中的门控技术获得很好的赤道圆切片图。Kitsopoulos 研究小组和 Suits 研究小组通过使用不同的技术手段，将碎片离子云的长度拉伸到了 400~500ns，从而成功实现了对碎片离子云的切片。

T. N. Kitsopoulos 研究小组研究了二维情况下离子云沿飞行轴飞向探测器的运动情况（图 3-8）。小球 f 为分子与激光发生相互作用后，产生的速度方向指向探测器方向的碎片离子，小球 b 为分子与激光发生相互作用后，产生的速度方向与探测器方向反向的碎片离子。其中，小球 b 需要在加速电场 E 的作用下发生速度方向的改变，朝着探测器方向飞行，这样才能被探测器所探测到。很明显，小球 f 属于碎片离子云的前端离子，而小球 b 属于碎片离子云的尾端离子。

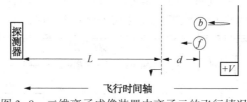

图 3-8 二维离子成像装置中离子云的飞行情况

图 3-8 中的排斥极和引出极之间的加速场是一个电场强度为 E 的匀强电场，T. N. Kitsopoulos 研究小组在图 3-9 所示的装置下模拟了双原子分子的离子速度成像。可以看出，传统的加速电场会对飞行中的碎片离子云进行压缩，使其到达探测器时时间上的宽度仅为几十纳秒。

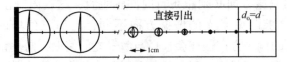

图 3-9　直流电场加速下离子云的压缩

为了解决这种困难，T. N. Kitsopoulos 研究小组对二级电场的排斥极上施加了脉冲式高压，让产物碎片离子在朝探测器飞行的过程中获得足够拉伸，从而通过微通道板门控技术得到高质量的影像。具体实施的步骤为：激光与分子在排斥极和引出极中间的反应区域相互作用后，在引出极施加与排斥极相同的电压（都接地），这种电压设置将使产物碎片离子在排斥极和引出极之间发生自由扩散。设排斥极与引出极施加相同电压的时间为 τ，产物碎片离子的初始位置为 d_0，那么经过时间 τ 后产物碎片离子的位置 d 可以表示为：

$$d = d_0 - c\tau \tag{3-13}$$

产物碎片离子中既有速度朝向探测器方向的碎片离子，又有速度与探测器方向相反的碎片离子。经过时间 τ 后，它们的位置可以分别表示为：

$$d_{\mathrm{f}} = d_0 - (c + u_0)\tau = d - u_0\tau \tag{3-14}$$

$$d_{\mathrm{b}} = d_0 - (c - u_0)\tau = d + u_0\tau \tag{3-15}$$

式中，u_0 为产物碎片离子的初始速度；d_{f} 为速度朝向探测器方向的碎片离子经过时间 τ 后所处的位置；d_{b} 为速度与探测器方向相反的碎片离子经过时间 τ 后所处的位置。

若此时施加一高压信号在排斥极上，则碎片离子云在出加速场后，沿着飞行轴方向的时间展宽可以表示为：

$$\Delta T = |\ T_{\mathrm{f}}(d_{\mathrm{f}}, v_{\mathrm{f}}) - T_{\mathrm{b}}(d_{\mathrm{b}}, v_{\mathrm{b}})\ | \tag{3-16}$$

式中，v_{f} 为朝探测器方向飞行的碎片离子飞出加速场 E 时所具有的速度，m/s；v_{b} 为逆着探测器方向飞行的碎片离子飞出加速场 E 时所具有的速度，m/s。

逆着探测器方向飞行的碎片离子会在加速电场 E 的作用下扭转方向，朝着探测器方向飞行，因此这些碎片离子经过加速电场的作用后获得的速度 v_{b} 大于朝着探测器方向飞行的碎片离子所获得的速度 v_{f}。由于 $v_{\mathrm{b}} > v_{\mathrm{f}}$，进入自由飞行区后，速度为 v_{b} 的碎片离子（初速度方向与探测器方向相反）便成为碎片离子云的前端离子，而速度为 v_{f} 的离子（初速度方向与探测器方向相同）便成为碎片离子云的尾端离子，并且这两种速度的碎片离子之间的距离会在飞行过程中越来越远，这样就会使碎片离子云的宽度得到了有效的拉伸（图 3-10）。得到可以进行切片的碎片离子云后，通过对 MCP 施加不同延迟时间的门控信号，就可以对碎片离子云进行切片，进而得到不同飞行时间下的碎片离子的切片图像。

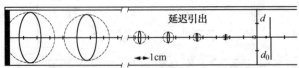

图 3-10　带延迟的脉冲电场加速下离子云的拉伸示意图

T. N. Kitsopoulos 研究小组利用这种切片成像技术，研究了氯气分子(Cl_2)在 355 nm 激光下的解离通道 $Cl_2 \rightarrow 2Cl\,(^2P_{3/2})$，他们得到了不同延迟时间 τ 下碎片离子 Cl^+ 的切片成像图(图 3-11)。他们认为，与传统的二维离子速度成像结果不同，三维切片离子成像技术不仅省去了复杂的数据处理过程，而且保持了实验结果的精度，是一种稳定、可靠的实验技术。

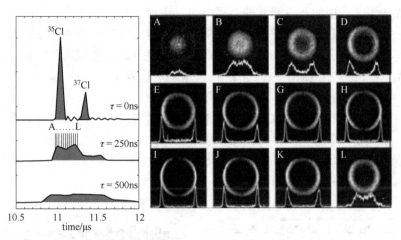

图 3-11　不同延迟时间下离子 Cl^+ 切片图

T. N. Kitsopoulos 研究小组和 A. G. Suits 研究小组分别对三维切片成像技术和传统的二维成像技术做了比较(图 3-12)。可以看出，传统的二维成像技术重构出来的碎片离子 Cl^+ 的成像图，在轴向不可避免地引入了噪声，然而通过三维切片成像技术所得到的碎片离子

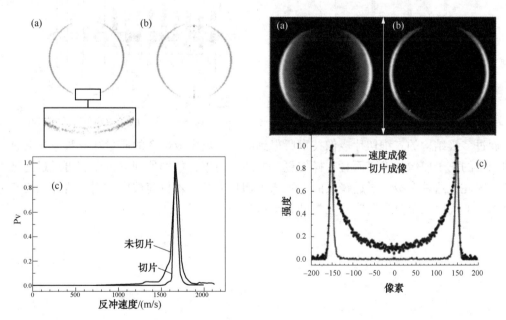

图 3-12　三维成像技术与传统二维成像技术对比

(a)实验所得二维图像经过逆阿贝尔变换重构出的 Cl^+ 图像；(b)三维切片成像所得 Cl^+ 图像；

(c)两种方法所获得的 Cl^+ 离子的速度分布对比

Cl⁺的成像图则在横向没有噪声，而且三维切片成像技术所得到的碎片离子成像图的分辨率也高于传统二维成像技术。因此，三维切片离子成像技术优于传统的二维成像技术，在后来的光电离和光解离实验中得到了更广泛的应用。

T. N. Kitsopoulos 小组和 A. G. Suits 小组分别设计的离子透镜如图 3-13 所示。图 3-13(a)中，T. N. Kitsopoulos 研究小组为了维持加速电场的均匀性，在引出极使用了栅网结构电极，并加入了 3 个中间开有圆孔的金属电极，实现了对碎片离子云的拉伸和沿飞行轴方向碎片离子云的切片。然而，这种栅网结构的引入会造成所观察到的图像模糊，导致图像的分辨率不高，从而影响分析出来的碎片离子产物的速度分布信息和角度分布信息。为了解决这些问题，A. G. Suits 小组[图 3-13(b)]在其基础上设置了另一种"离子透镜"，取消了栅网电极，用中间开有圆孔形状的金属电极代替了之前的栅网电极，并引入了 9 级电磁屏蔽电极组，用以确保碎片离子在速度聚焦的情况下在其飞行方向被拉伸，从而实现了对碎片离子的精确聚焦，解决了图像分辨率低的问题。可以看出，由于多级电场的共同作用，碎片离子云在飞行过程中得到了足够的拉伸，A. G. Suits 研究小组的实验表明，多级电场式的离子速度成像装置可以将碎片离子云拉伸至 400ns 量级的时间尺度。

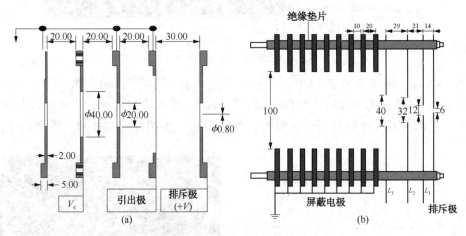

图 3-13　离子透镜结构简图

(a)T. N. Kitsopoulos 等设计的多级离子透镜结构简图；(b)A. G. Suits 等设计的多级离子透镜结构简图

通过多级结构的三维切片成像技术所得到的碎片离子成像图的质量和分辨率显著优于传统的二维的离子成像技术，而且在操作更为方便、简单，数据处理过程无需再经过逆阿贝尔变换。因此，这种多级离子透镜式的三维离子切片成像技术目前被广泛用于研究激光与分子的电离和解离以及单分子反应等化学动力学过程。

第四章 三维直流切片离子成像装置

三维直流切片离子速度成像装置原理如图 4-1 所示。三维直流切片离子速度成像装置主要由 6 个部分组成，这 6 个部分分别为超强飞秒激光系统、超高真空系统、超声分子束以及进样系统、离子透镜系统、离子探测和信号采集系统以及同步时序系统，实验过程中，使用时序控制系统来保证这些系统之间的精确协同运转。

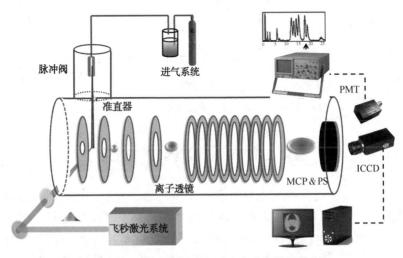

图 4-1　三维直流切片离子速度成像装置简图

第一节　超强飞秒激光系统

美国相干公司（Coherent. Co）生产的高功率飞秒激光系统由两部分组成，分别为飞秒振荡级（Oscillator）和飞秒放大级（Amplifier）。飞秒振荡级是美国相干公司生产的宽带超快钛宝石（Ti：Sapphire）飞秒振荡器，型号为 Micra-5。此振荡级是由固体激光器 Coherent Verdi 泵浦的，Coherent Verdi 可以产生频谱宽度为 780~820nm，脉冲持续时间为 50fs，峰值功率为 5W，重复频率为 76~82MHz，平均功率为 350~450mW 模式锁定的飞秒激光。飞秒放大级是美国 Coherent 公司生产的 Legend Elite 系列飞秒再生放大系统。此放大级是由中心波长为 532nm，最大输出功率为 20W 的纳秒激光器泵浦。振荡级产生的种子激光脉冲经过展宽、放大、压缩以后，产生的飞秒脉冲激光的脉冲持续时间为 50fs，中心波长为 800nm，频谱宽度为 40nm（820~780）nm]，重复频率为 1kHz，单脉冲能量为 3.5mJ，偏振方向为水平线偏振。

实验中所采用的光路如图 4-2 所示。此激光器出射的飞秒激光脉冲的偏振方向平行于飞行轴，这不利于切片成像的进行。因此，有必要在光路中使用二分之一波片来对入射激光的偏振方向进行调节，使其偏振方向垂直于飞行轴。另外，在光路中的二分之一波片之前，插入格兰棱镜可以实现对光路中激光功率的调节和控制。改变激光的偏振方向为竖直偏振以后，从二分之一玻片出射出的激光经过高反镜反射，入射到一个焦距为 40cm 的消色差透镜表面，最后激光通过此透镜被聚焦到电离区，与脉冲分子束发生作用。实验中由于光路比较长，为了保证出射激光的稳定性，避免其受到外界情况的干扰，整个光路用不锈钢管子进行封闭。

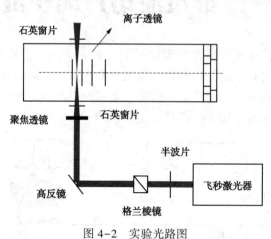

图 4-2　实验光路图

第二节　超高真空系统

分子与激光的相互作用会导致光电离和光解离现象的发生，这两种反应都是无碰撞反应，腔内的杂质会对实验结果造成影响，因此需要在高真空环境中进行。图 4-1 所示的实验装置图中，按照真空度的高低可以将实验装置的真空系统分为两部分，分别为束源室（Source Chamber）和主腔体（Main Chamber），这两部分由一个直径为 0.2mm 的分子准直器 Skimmer 分开，这样的差分式设计结构可以保证反应腔内的高真空度。束源室是用来产生超声分子束的地方，其内部装有工作频率为 100 Hz、持续时间为 100μs 的脉冲阀。主腔体内装有多级离子透镜。分子与激光的反应发生在多级离子透镜的第一个极板和第二个极板中间的区域，称为反应区；跟激光发生作用后产生的碎片离子被前 4 个极板之间的电场加速以后自由飞行，进入自由飞行区。实验时，未引入分子束和引入分子束时束源室和主腔体的真空度数量级分别为 10^{-7} mbar 和 10^{-8} mbar。束源室的极限真空度可以达到 10^{-8} mbar（无分子束条件下），其前级真空泵使用的是安捷伦公司生产的双极干式涡旋泵（TriScroll-600），此泵在正常工作时抽速可维持为约 600L/min，这种干式旋片泵的优点是不仅可以降低油封对腔体的污染，还可以避免油封旋片泵需要经常维护的麻烦。束源室所使用的分子泵为德国 Pfeiffer Vacuum 公司生产的 TMH/U 系列半磁悬浮分子涡轮泵，此泵正常工作时的抽速可达 270 L/s，这种磁悬浮的结构设计能够降低油脂对腔体的污染。主腔体内包括了离子透镜组以及用于地磁屏蔽的钼筒。主腔体的极限真空度可以达到 10^{-9} mbar（无分子束条件下），主腔体的前级真空泵跟束源室同样采用了 TriScroll-600 双级干式涡轮泵，分子泵为 TMH/U 521 系列半磁悬浮分子涡轮泵，正常工作时抽速可达 520L/s。

主腔体的左右两侧分别有一个光学窗口，用来作为实验过程中激光的入射和出射窗口，这两个光学窗口中心的连线通过离子透镜系统的前两个极板的中心区域。实际使用时，为了提高实验的精度，实验进行之前通常要对真空腔体进行烘烤，烘烤时保持温度约为 160°，温度不宜过高，否则会导致真空室内电极板上的焊锡开裂，使聚四氟乙烯的电极支杆发生变形。

第三节　超声分子束及进样系统

在固体、液体和稠密气体中，原子或者分子之间的距离相对较小，其内部相互作用关系复杂，人们很难对其中的孤立分子进行研究。而对于稀薄气体来讲，原子或者分子之间距离比较大、相互作用较小，并且相互作用会随压强的减小而减弱，但受到分子自身无规则运动的限制，对这类分子进行探测比较困难。20 世纪 70 年代，科学家们提出了分子束技术，其中分子束是指容器内具有一定压强的气态分子经过一个喷嘴向真空中喷射时形成的束流。容器内部气体的压强大，真空中的压强小，这样就会导致喷出来的气体分子会在真空中发生绝热膨胀。由于分子的平均自由程远小于实验中喷嘴的直径，因此分子在通过喷嘴后的无规则运动减少，形成定向运动，其速度分布变窄。

通常情况下，人们使用马赫数 M 来表示分子束的质量，M 的值越大则获得的分子束的质量越高，马赫数 M 可以表示为：

$$M = u/a \tag{4-1}$$

$$a = \sqrt{\gamma RT/W} \tag{4-2}$$

式中，a 为当地声速的数值；u 为真空中分子束的速度，m/s；R 为摩尔系数；W 为摩尔气体质量，g/mol；γ 为绝热系数（可由定压热容与定容热容的比值得到）。

当 M 的值大于 1 时，便称此分子束为超声分子束。根据绝热膨胀模型，真空中分子的运动过程可以表示为：

$$\frac{T}{T_0} = \left(\frac{P}{P_0}\right)^{\frac{\gamma-1}{\gamma}} = \frac{1}{1 + 0.5(\gamma + 1)M^2} \tag{4-3}$$

式中，P_0 为膨胀分子束的压强，Pa；T_0 为膨胀前分子束的温度，K；P 为膨胀后分子束的压强，Pa；T 为膨胀后分子束的温度，K。

观察式（4-2）和式（4-3）可知，膨胀前后分子的压强比 P/P_0 越小，膨胀后分子的温度 T 就越小，而马赫数 M 也就越大。因此，在具体的实验过程中，除了要降低膨胀前后分子的压强比 P/P_0 之外，还需增加分子束的流速。通常情况下，人们在大量质量较轻的载气惰性分子（如 Ar、He）中"种"入少量需要研究的较重的分子，这样需要研究的分子就会在载气轻分子的带动下获得加速，有助于人们获得高质量的超声分子束。

通过以上的分析可知，超声分子束具有超低的反应温度和超强的定向运动特性，可以使采集到的产物碎片离子的图像分辨率得到很大提升，可以使分子转动对碎片离子空间角度分布的影响大大降低，因此超声分子束在分子与激光场相互作用方面起着重要的作用。

分子束的进样系统由样品槽、不锈钢导管以及脉冲阀组成。样品槽内装有具体实验所需要使用的样品分子，样品槽通过不锈钢导管与束源室的脉冲阀相连接，从而将样品送入主腔体内的反应区域。实验中，将压强为 1atm（1atm = 1.01325×10⁵Pa）的稀有气体氦气通入样品槽，使氦气与样品气体发生充分混合，混合后的气体在不锈钢导管的引流下，经脉冲阀喷入束源室，此时，混合气体会发生绝热膨胀，温度会降低（温度为十几 K），随后混合气体经过分子准直器 Skimmer 的准直后进入反应区与激光发生相互作用。

第四节　离子透镜系统

本书中所使用的离子透镜系统，参照了 A. G. Suits 研究小组所设计的离子透镜系统，使用了多级离子透镜的设计方案。整个离子透镜系统由 4 个电极和 10 个接地的漂移极组成（图4-3）。前 4 个极板 $L_1 \sim L_4$ 为加高压的电极板，由厚度为 1mm、外径为 120mm 的同心不锈钢圆环所组成。$L_1 \sim L_4$ 4 个极板的内径分别为 6mm、12mm、32mm、40mm，$L_1 \sim L_4$ 4 个极板之间的间距分别为 14mm、21mm、29mm。$L_5 \sim L_{14}$ 这 10 个极板均与腔体的外壁相连，由厚度为 10mm、外径为 120mm、内径为 100mm 的同心不锈钢圆环组成，他们之间的间距相等，均为 10mm。$L_1 \sim L_{14}$ 之间的所有极板均通过陶瓷柱连接，如此就组成了多级离子透镜系统。

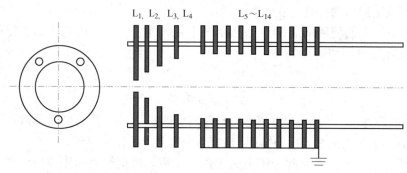

图4-3　离子透镜系统结构

实验前，首先使用 Simion 8.0 软件模拟了不同质荷比碎片离子的飞行轨迹，用以确定离子透镜的精确聚焦性能(图4-4)。在模拟中，选取了一组携带 1eV 的初始能量、带 1 个正电荷、质荷比为 16 的碎片离子，设置它们的位置分布为每隔 2mm 分布在 −2~2mm 范围内，角度分布在每隔 15° 分布在 0°~360° 范围内，让此组碎片离子在这些位置和角度开始起飞。离子透镜 4 个极板 $L_1 \sim L_4$ 的电压设置分别为 1000V、877V、826V、0V。理论模拟的结果表明，具有相同速度、处于不同位置的一系列碎片离子在一定的偏置电压下，经过离子透镜系统聚焦后，碎片离子云在飞行过程中的时间展宽可以达到 350 ns，距离最远的两个碎片离子之间

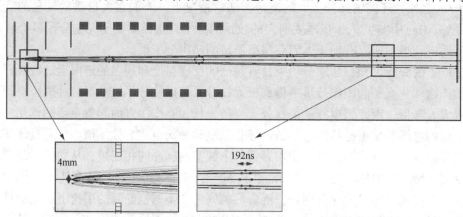

图4-4　Simion 8.0 模拟质荷比为 16 的正一价离子在飞行腔中的拉伸和聚焦效果图

的距离为 0.2mm，而本书中所使用的探测器微通道板的直径为 40mm。上述结果说明，此离子透镜系统的空间分辨率为 0.5%，完全满足实验数据的精确性需求。

第五节 离子探测和采集系统

本书中所提及的离子探测和信号采集系统如图 4-5 所示。其中，离子探测系统由微通道板（Micro Channel Plate，MCP）和磷光屏（Phosphor Screen，PS）组成。分子与激光在反应区发生相互作用以后，产生的碎片离子经过离子透镜聚焦，聚焦后的碎片离子撞击到 MCP 表面产生电子，电信号经过 MCP 多次倍增放大后，碎片离子在加速电场 E 的作用下轰击磷光屏 PS 产生磷光信号。本书中所提及的 MCP 是由日本滨松光电子有限公司生产的双圆形 MCP，型号为 F2226-24，其有效面积的直径为 75mm、通道直径为 $25\mu m$、在 2kV 偏压下对电子的倍增效率可达 10^7 数量级。本书所提及的磷光屏为 P47 型磷光板，其优点是不仅响应速度快，而且磷光余晖的衰减时间仅需 110ns（衰减到 10% 所需时间）。

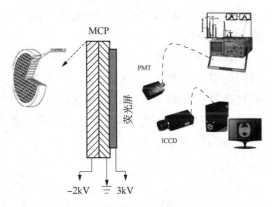

图 4-5 离子探测与数据采集系统简图

本书中所涉及的实验数据有两种，分别是质谱信号图和切片成像图，因此对磷光屏上光信号的采集也分为两种。采集质谱信号图使用光电倍增管（Photo Multiplier Tube，PMT）和示波器，采集切片成像图使用电荷耦合器件（Charge Coupled Device）和电脑。使用的 PMT 也是由日本滨松光电子有限公司生产的，型号为 Hamamastu H7323-10，其光谱响应的区间为 300~900nm，响应时间小于 50ps。CCD 是由美国普林斯顿公司（Princeton）生产的增强型 ICCD，对时间的分辨率可以达 4ns。

第六节 同步时序系统

为确保实验中激光、脉冲阀、ICCD 等各部分的协同合作，使所有部件高效、有序运转，则必须对这些部件采取延迟触发，调节这些部件之间的相对延迟，使它们达到时间上的同步。本书所提及的时序控制系统为美国斯坦福公司生产的 DG535（Stanford Instrument Digital Delay/Pulse Generator）型数字延迟/脉冲发生器。此时序控制系统的时间延迟范围为 0~999.999999999995s，可调节延迟精度为 5 ps，输出信号的上升沿为 2 ns（TTL 电平），输出端有 4 个独立的延迟端口 A、B、C、D，一个外出发延迟端口 T_0，以及 4 个组合延迟端口 AB、-AB、CD、-CD。实验中 1 个周期内的时序图如图 4-6 所示。

本书中所涉及的实验使用飞秒脉冲激光器输

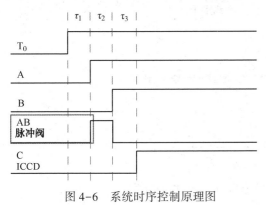

图 4-6 系统时序控制原理图

出的 1kHz 信号的十分频信号作为外触发源，脉冲阀的工作频率为 100 Hz，这样在具体的实验过程中，每 10 个脉冲信号中仅有 1 个脉冲信号与超声分子束发生作用。实验中，需要协调脉冲阀与 ICCD 之间的时间延迟，分别选用 AB 和 C 通道来提供脉冲阀和 ICCD 的触发信号。1kHz 的飞秒激光信号十分频后所得到的信号首先触发 DG535，得到触发信号后，DG535 便按照实验中所设定的延迟时间来触发各通道。经过时间 τ_1 以后，A 通道开启，其输出信号用于控制脉冲阀的开启，时间 τ_2 后脉冲阀由 B 通道触发关闭，ICCD 相机在经过 τ_3 时间后开始图像的采集。实验中的延迟时间 τ_1、τ_2、τ_3 受分子束的运动速度、仪器的响应时间、激光的飞行时间、分子束在腔体内的飞行时间以及各电子系统中电信号的传输时间等多方面因素的影响，所以通常需要精确的计算和大量的尝试才能确定。

第七节　实验系统的校准

本节对直流切片三维离子成像装置进行了两方面的校准，分别为离子透镜放大系数的校准和激光强度的校准。

碎片离子在垂直于飞行轴方向的速度受到离子透镜中的电场的作用，会导致碎片离子成像图的缩小或者放大效应，称为离子透镜的放大效应。由此可见，对于离子透镜放大系数 N 的精确测定有助于提高实验数据的可靠性和精确性。用 R' 表示理想情况下碎片离子在垂直于飞行轴方向的速度与乘积，R 表示离子速度聚焦在探测器平面的半径，则离子透镜的放大系数 N 可以被定义为：

$$N = \frac{R}{R'} \qquad\qquad (4-4)$$

$$R' = v_i \times t_{\mathrm{TOF}} \qquad\qquad (4-5)$$

通过 Simion 软件对此系统中离子透镜的放大系数进行了测量。测试中，分别选取了质荷比为 8 和 16 的两组碎片离子，将这两组碎片离子的动能分布设置为 0~1.2eV，电荷设置为携带一价正电荷，速度方向设置为垂直于飞行轴方向。通过计算这两组碎片离子的 R'，可以得到这两组碎片离子源的放大系数 N 和动能之间的关系(图 4-7)。图 4-8 是质荷比为 16 的正一价碎片离子源在不同的电场下，离子透镜放大系数与动能的关系。

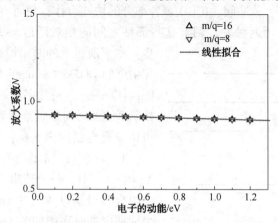

图 4-7　不同荷质比下离子透镜放大系数与离子动能的关系

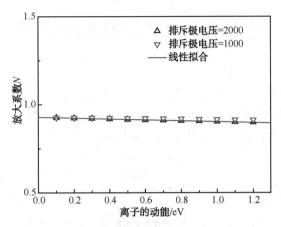

图 4-8　不同电压下离子透镜放大系数与离子动能的关系

观察图 4-8 可知，此离子透镜对于不同的电压条件下，不同动能、不同质荷比的碎片离子，可以具有相同的放大效果，放大系数 N 的取值范围为 0.90 ± 0.015。

在研究分子在强激光场中的光电离和光解离过程中，相互作用区域的实际激光强度是分析实验数据、探究实验反应机理的重要参数。理论上讲，高斯光束经过聚焦后，其焦点处的激光强度与功率计直接测量的光功率之间有以下关系：

$$I = \frac{E_1}{\tau \times A} \qquad (4-6)$$

式中，E_1 为脉冲能量，J；A 为焦斑面积，cm^2；τ 为激光的脉冲宽度，s；I 为激光的强度，W/cm^2。其中，焦斑面积 A 可以表示为：

$$A = \frac{4\pi f^2 \lambda^2}{D^2} \qquad (4-7)$$

式中，λ 为激光的波长，nm；f 为凸透镜的焦距，cm；D 为聚焦前激光的直径，cm。

式 (4-6) 和式 (4-7) 中的各物理量取以下参数：激光的波长 λ 为 800nm；凸透镜的焦距 f 为 40cm；激光的脉冲宽度 τ 为 70fs；单脉冲能量的范围 E_1 为 $0.1\sim2.8$mJ，则通过式 (4-6) 和式 (4-7) 就可以计算得到激光的强度为 $6.4\times10^{12}\sim1.8\times10^{14}$ W/cm^2。

在激光场强度的计算中，焦斑面积 A 是在理想高斯光束的条件下得到的，这会导致计算出来的激光场强度的数值与实际的数值之间有一定的偏差。可使用氩原子二价离子 Ar^{2+} 的产率与氩原子一价离子 Ar^+ 产率的比值 Ar^{2+}/Ar^+ 来校准激光场强度。然后将同等实验条件下测得的 Ar^{2+}/Ar^+ 信号比与 Guo 研究小组的实验结果进行比较 (图 4-9)。图中空心圆圈代表实验测得的数据，空心方块代表 Guo 研究小组的数据，考虑到实际操作时测量功率的误差，可以认为实验数据与前人研究所得数据在低能量端基本吻合。从而可以得出实验时激光场强度的范围：$2.4\times10^{13}\sim1.5\times10^{14}$ W/cm^2。

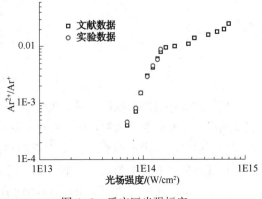

图 4-9　反应区光强标定

第八节 实验获得数据处理

1. 非局部均值滤波法去噪声

分析分子与激光发生相互作用的动力学信息，需要知道碎片离子的速度分布及角度分布信息，这时就需要对切片得到的碎片离子图像进行处理。通过 Matlab 软件和 C 程序语言编写的软件进行切片成像数据处理的具体处理步骤如图 4-10 所示。

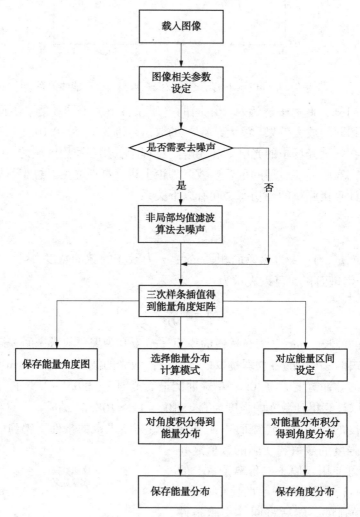

图 4-10 处理实验所得切片图的基本框架

使用此程序处理数据时，首先要对 ICCD 所获得的图像进行去噪声处理。碎片离子的切片图像的噪声主要有两个来源：脉冲噪声和高斯噪声。一直以来，研究者们对于这两种典型的噪声提出了很多去除噪声的算法，其中最经典的两种方法分别为均值滤波法和中值滤波法。同时，在这两种基本算法的基础之上，又有很多改进型的算法研究。在对于高斯噪声的处理研究中，J. M. Morel 研究小组提出的非局部均值滤波算法(NL-Mean)是目前最为优越的算法。这种算法利用图像中大量存在的相似现象进行滤波，依靠这些相似小窗口的均值，取它们的加权平均值来恢复所取窗口的中心点的灰度值。这种滤波法的去噪声效果在视觉效果方面和信噪比（Peak Signal to Noise Ratio，PSNR）方面均显著优于双边滤波算法和高斯滤波算法。

非局部均值滤波法是通过设计适当的权重函数来实现的，其算法可以描述为：一个数字图像 u 可以被看成是一个 $M×N$ 的矩阵，矩阵的元素 $u(i)$ 为点 i 处像素点的灰度值（$0 \leq u(i) \leq 255$），其中 $i \in I$：$\{0, 1, \cdots, M-1\} \times \{0, 1, \cdots, N-1\}$。假设含高斯噪音的图像 $v = \{v(i) \mid i \in I\}$，被恢复以后所得的图像为 $NL(v)$，那么对于每一个像素点 $i \in I$，灰度值 $NL(v)(i)$ 定义为 v 中每个响度的灰度值的加权平均：

$$NL(v)(i) = \frac{\sum_{j \in I} w(i, j)v(j)}{\sum_{j \in I} w(i, j)}$$

式中，权重 $\{w(i, j)\}_{j \in I}$ 取决于像素点 i 和 j 的相似程度，其定义可以用下面的式子来表示：

$$w(i, j) = e^{-t \| v(N_i) - v(N_j) \|_{2, \sigma}^2}$$

式中，t 是滤波控制参数 $t>0$；$v(N_j) = [v(k)：k \in N_j]$ 表示由 j 为中心的窗口 N_j 内所有像素点的灰度值依次构成的向量（所有窗口取定同一方向）；$\| v(N_i) - v(N_j) \|_{2,\sigma}^2$ 为向量 $v(N_i) - v(N_j)$ 的一种加权函数：

$$\| v(N_i) - v(N_j) \|^2 = \sum_{k \in N_i} \alpha(i, k) \mid v(k) - v(Tk) \mid^2$$

式中，$T = T_{i,j}$，为平面中将点 i 转变为 j 的平移交换（$N_j = T N_i$）；$\alpha(i, j) > 0$，为一种确定的权重，取 $\alpha(i, j)$ 是欧氏范数 $\| i - k \|$ 的递减函数，应用时可以采用不同的选取方式。

2. 数字图像差值处理

通过三维直流切片离子速度成像实验系统，可以得到碎片离子的切片成像图，所得到的图像是 512 像素×512 像素的 16 位的 TIFF 格式的数字图像，这种数字图像可以看作为 512×512 的数字矩阵。这种类型的矩阵在强度和位置上是离散的。因此，如果直接使用这些不连续的数值，会导致在计算相应碎片离子的速度分布和角分布时引入误差。这时，为了提高速度分布和角分布的准确性，使用三次样条插值法对所需精确位置的灰度值进行插值，从而可以有效避免误差。

使用多项式插值，对所给的数据进行插值的 n 阶多项式就将给定数据点唯一地定义出来。然而，对同样的数据进行插值的 n 阶样条并不是唯一的，为了构建一个唯一的样条插值式，它还必须满足另外 $(n-1)$ 个自由度。

对于 $(n+1)$ 个给定点的数据集合 $\{x_i\}$，可以使用 n 阶三次多项式在数据点之间构建一个三次样条。如果 $S(x)$ 表示对函数 f 进行插值的样条函数，其中 $s(x)$ 可以用下面的分段函数来表示：

$$S(x) = \begin{cases} S_0(x), & x \in [x_0, x_1] \\ S_1(x), & x \in [x_1, x_2] \\ \quad \cdots \\ S_{n-1}(x), & x \in [x_{n-1}, x_n] \end{cases}$$

若要表示对函数 f 进行插值的样条函数，则需满足以下三点：① 插值特性，$S(x_i) =$

$f(x_i)$；②样条相互连接，$S_{i-1}(x_i)= S_i(x_i)$，$i=1$，2，…，$n-1$；③连续两次可导，$S'_{i-1}(x_i)=$ $S'_i(x_i)$ 以及 $S''_{i-1}(x_i)= S''_i(x_i)$，$i=1$，2，…，$n-1$。由于需要 4 个条件才能确定每个三次多项式的曲线形状，所以对于组成 S 的 n 个三次多项式而言，要确定这些多项式就需要 $4n$ 个条件。但是，插值特性仅仅给出了 $(n+1)$ 个条件，内部数据点仅仅给出了 $(n+1-2=n-1)$ 个条件，总共给出了 $(4n-2)$ 个条件。因此，还需要额外的两个条件，根据不同的因素可以使用不同的条件。其中一个选择条件可以得到给定 u 与 v 的钳位三次样条，$S'(x_0)=u$，$S'(x_k)=v$。第二个选择条件可以假设 $S''(x_0)= S''(x_k)=0$。从而可以得到了自然三次样条，而自然三次样条几乎等同于样条设备生成的曲线。在这些所有的二次连续可导函数中，钳位与自然三次样条可以得到相对于待插函数 f 的最小震荡。如果选择另外的一些条件，例如 $S(x_0)=$ $S(x_n)$；$S'(x_0)= S'(x_n)$；$S''(x_0)= S''(x_n)$，则可以得到周期性的三次样条。假设选择的是 $S(x_0)= S(x_n)$；$S'(x_0)= S'(x_n)$；$S''(x_0)= f'(x_0)$，$S''(x_n)= f'(x_n)$，这样就可以得到完全三次样条。

三次样条有另外一种解释，即在索伯列夫空间 $H([a, b])$ 的最小化函数的函数，最小化函数可以表示为：

$$J(f)= \int_a^b | f''(x) |^2 dx$$

式中，函数 J 包含对于函数 $f(x)$ 全部曲率的近似，样条是 $f(x)$ 最小曲率的近似。由于弹性条的总能量与曲率成比例，因此样条是受到 n 个点约束的弹性条的最小能量形状，而样条也是基于弹性条设计的工具，可以用下面的式子来表示：

$$S_i(x)= \frac{Z_{i+1}(x-x_i)^3 + Z_i(x_{i+1}-x)^3}{6h_i} + \left(\frac{y_{i+1}}{h_i} - \frac{h_i}{6}Z_{i+1}\right)(x-x_i) + \left(\frac{y_i}{h_i} - \frac{h_i}{6}Z_i\right)(x_{i+1}-x)$$

$$h_i = x_{i+1} - x_i$$

可以通过求解下列方程来求取系数：

$$S(x)= \begin{cases} Z_0 = 0 \\ h_{i-1}z_{i-1} + 2(h_{i-1}+h_i)z_i + h_iz_{i+1} = 6\left(\frac{y_{i+1}-y_i}{h_i} - \frac{y_i-y_{i-1}}{h_{i-1}}\right) \\ Z_n = 0 \end{cases}$$

3. 离子切片图的处理软件

碎片离子的切片成像图的处理软件涉及的基本框架如图 4-10 所示。切片图包含有 5 个重要的相关参数，分别为荧光屏中心坐标、离子图像对应的中心坐标、图像显示增强倍数、图像的最大 Y 值以及离子图像的离心率。碎片离子的切片成像图是使用 ICCD 采集得到的 512 像素×512 像素的 16 位的 TIFF 格式的数字图像，这个数字图像可以看做为 512×512 的矩阵。在矩阵坐标下，使用 $P(i, j)$ 来表示第 i 行第 j 列元素的图像强度数值，根据图像的中心坐标 $P(x, y)$，便可以将矩阵坐标系下的图像强度值 $P(i, j)$ 转换到为极坐标系下的图像强度值 $P(r, \theta)$（图 4-11）：

$$P(i, j) \rightarrow P(x, y) \rightarrow P(r, \theta) \tag{4-8}$$

在极坐标形式下，上式对 θ 进行积分，可以获得产物离子的动能分布：

$$P(E) = \int P(r, \theta) d\theta \tag{4-9}$$

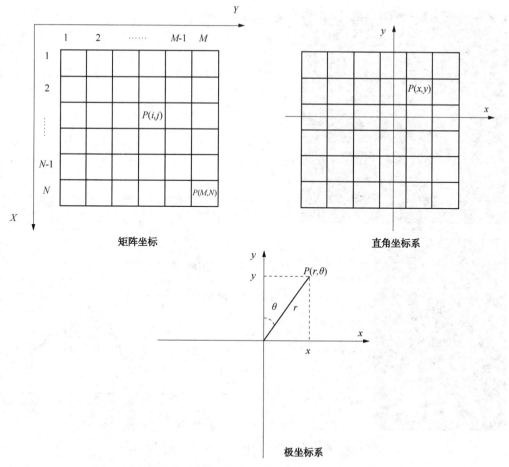

图 4-11 处理切片成像图过程中的坐标转换

在极坐标形势下，对式(4-8)对 r 进行积分，可以获得产物离子的角度分布：

$$P(\theta) = \int P(r, \theta) \, dr \qquad (4-10)$$

处理碎片离子的切片成像图时，首先将 ICCD 收集到的切片成像图保存为 16 位的 TIFF 格式的图片，然后点击左边的载入图像按钮，这时就可以将图片导入此软件中，处理切片成像图的界面如图 4-12 所示。导入切片成像图以后，在左边相应的区域输入此碎片离子图像所对应的荧光屏中心坐标、图像中心坐标、图像增强倍数、图像的最大 Y 值和离心率。在右边相应区域输入需要显示的半径区间后，点击确定按钮，便可得到碎片离子的速度分布图和角度分布图。这里图像中心坐标和荧光屏中心坐标往往是相同的数值。在实际的处理过程中，由于飞秒强激光外场对碎片离子的影响，会导致有一些碎片离子的图像在外加激光场的偏振方向上有一定的拉长，因此，有一些碎片离子图像可能会呈现椭圆形，而不是理想情况下的正圆形。

如果所采集的碎片离子图像的噪声很大，此时可以选择对图像进行滤波处理，然后点击确定，就可以获得噪声比较小的碎片离子的速度分布图和角度分布图。如果采集时发现所获得的碎片离子图像的强度比较弱，此时可以输入较大的图像增强倍数，接着点击确定，就可以得到强度较高的碎片离子图像，需要注意的是，增强图像的倍数只会影响碎片离子图像在

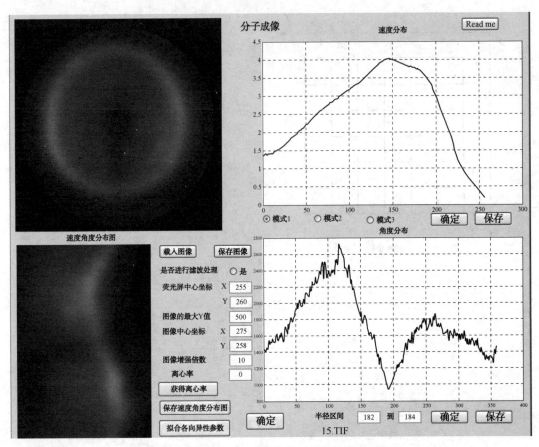

图 4-12　碎片离子切片图像处理软件的用户界面图

软件中的强弱显示，对离子图像所对应的速度分布图和角度分布图并不产生影响。实际中采集到的一些碎片离子图像往往不是完全的中心对称，这是由于 MCP 和 PS 探测面上的效率不完全一致所导致的。因此，在处理碎片离子的切片成像图时，要选择粒子图像中清晰度、对称性、完整性等参数较为理想的部分计算速度分布图和角度分布图。图 4-12 中的模式 1 的处理方式为仅对图像中心坐标上半部分的强度进行积分，得到相应的速度分布图；模式 2 的处理方式为仅对图像中心坐标下半部分的强度进行积分，得到相应的速度分布图；模式 3 的处理方式为对离子图像中心坐标上半部分和下半部分都进行积分，得到相应的速度分布图。最后，使用. txt 格式保存相对应的速度分布图。根据速度角度分布图，可以设定相应的半径区间，此时就可以得到相应的角度分布，使用. txt 格式保存相对应的角度分布图。

各向异性参数的拟合公式可以表示为：

$$P(r, \theta) = f(r)\left\{1 + \chi \sum_{2N} (\cos\theta)\right\} \tag{4-11}$$

即在拟合多光子跃迁过程下产生的角度分布图时，各项异性参数的拟合公式可以表示为：

$$P(r, \theta) = f(r)\left\{1 + \beta P_2(\cos\theta) + \gamma P_4(\cos\theta) + \delta P_6(\cos\theta) + \varepsilon P_8(\cos\theta)\right\} \tag{4-12}$$

式中，勒让德多项式 $P_2(\cos\theta)$、$P_4(\cos\theta)$、$P_6(\cos\theta)$、$P_8(\cos\theta)$ 的表达式分别为：

$$P_2(\cos\theta) = \frac{1}{2}(3\cos^2\theta - 1)$$

$$P_4(\cos\theta) = \frac{1}{8}(35\cos^4\theta - 30\cos^2\theta + 3)$$

$$P_6(\cos\theta) = \frac{1}{16}(315\cos^6\theta - 315\cos^4\theta + 105\cos^2\theta - 5)$$

$$P_8(\cos\theta) = \frac{1}{128}(6435\cos^8\theta - 12012\cos^6\theta + 6930\cos^4\theta - 1260\cos^2\theta + 35)$$

第五章 1,2-二溴乙烷分子通过解离电离过程产生溴分子(Br₂)的协同消除反应

第一节 研究背景

1,2-二溴乙烷分子的分子式为 $1,2-C_2H_4Br_2$，为无色、有甜味的液体，有挥发性，有毒，微溶于水，可溶于乙醇、乙醚、氯仿、丙酮等有机溶剂，常温状态下性质稳定，常与四乙基铅同时加在汽油中，可以使燃烧后产生的氧化铅变为具有挥发性的溴化铅，并从内燃机中排出。还可用作脂肪、油、树脂等的溶剂，谷物和水果等的杀菌剂，木材的杀虫剂等。1,2-二溴乙烷分子的相对分子量为 186/188/190(Br 的两个稳定同位素 Br-79 和 Br-81)，沸点为 131.4℃，可由乙烯与溴分子加成而制得。

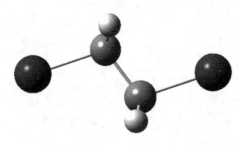

图 5-1 $1,2-C_2H_4Br_2$ 分子的稳定构型

图 5-1 是使用 Gaussian 09 软件，在 B3LYP/6-311++G(2df, 2pd) 理论等级下对中性 1,2-二溴乙烷分子进行优化所得的 1,2-二溴乙烷分子的稳定构型图。优化的构型显示，1,2-二溴乙烷分子中 4 个 C—H 化学键的键长都为 1.08Å，2 个 C—Br 化学键的键长都为 1.98Å，C—C 化学键的键长为 1.50Å，2 个溴原子之间的距离为 4.67Å，Br—C—C—Br 这 4 个原子所组成的二面角的角度为为 180°。

近年来，原子和分子系统与飞秒激光的相互作用引起了很多实验学家和理论学家的关注，并且展现出了一系列新的现象，例如，多光子电离、电荷共振增强电离、解离电离、库仑爆炸等。同时，这些现象可以用来研究原子和分子的动力学过程。科学研究表明，溴代烷烃对臭氧层有严重的破坏作用，因此，溴代烷烃在强激光场中的解离和电离动力学过程一直是分子反应动力学研究的热点。到目前为止，许多学者的主要研究目标为简单的和小的溴代烷烃分子，如一溴甲烷(CH_3Br)、二溴甲烷(CH_2Br)、二氟二溴甲烷(CF_2Br_2)和三溴甲烷($CHBr_3$)等。然而，对于含有不止 1 个溴原子的长链溴代烷烃的研究相对匮乏，这是由于长链会使溴代烷烃分子的电子结构和光谱成分变得比较复杂，从而增加了实验的可操作性以及实验结果分析的难度。

二溴代长链烷烃与激光相互作用时，发生的光解离过程十分复杂，很多不同机制的解离通道可以同时产生。在二溴代长链烷烃的解离过程中，除了会发生断 C—Br 化学单键产生单个溴原子的通道，还有可能通过顺序反应或者协同反应(同步协同反应和异步协同反应)机制产生三体通道($Br+Br+C_nH_m$)和溴分子消除通道($Br_2+C_nH_m$)。林研究小组使用产物平动能光谱(Product Translational Energy Spectrum, PTS)技术，研究了二溴甲烷(CH_2Br_2)、1,1-二溴乙烷($1,1-C_2H_4Br_2$)以及 1,2-二溴乙烷($1,2-C_2H_4Br_2$)分子在紫外激光照射下的解

离过程，他们发现 CH_2Br_2 和 $1,1$-$C_2H_4Br_2$ 分子会首先发生快速的 C—Br 化学键断裂，产生初级碎片产物 CH_2Br 和 C_2H_4Br，并同时产生第一个溴原子，随后初级碎片产物 CH_2Br 和 C_2H_4 Br 会继续吸收光子，致使第二个 C—Br 化学键发生断裂产生并第二个溴原子。然而，不同于 CH_2Br_2 和 $1,1$-$C_2H_4Br_2$ 分子的光解离过程，$1,2$-$C_2H_4Br_2$ 分子是通过异步协同消除机制直接解离生成 3 个碎片离子，即 Br(快)、Br(慢)和 C_2H_4。随后，林研究小组又使用深紫外激光(193nm)研究了一系列二卤代乙烷 CH_2XCH_2Y(X，Y = Br，Cl)分子的解离过程，他们发现，所有被研究的分子都发生了异步协同消除反应，直接生成 3 个碎片离子 X、Y 和 C_2H_4。林研究小组的实验研究中始终没有观察到 Br_2 碎片的产生。Chang 研究小组采用腔衰荡吸收光谱技术(Cavity Ring Down Absorption Spectroscopy，CRDS)，研究了 $1,1$-$C_2H_4Br_2$ 和 $1,2$-C_2 H_4Br_2 分子的光解离过程，他们在实验中观察到了 Br_2 碎片的产生，并使用从头计算方法模拟了 Br_2 碎片的产生路径，确认了 Br_2 碎片是产生于基态高振动态的异步协同消除反应。

　　以前的研究者们对于 $1,2$-$C_2H_4Br_2$ 分子的研究，都是在紫外波段、激光场强度比较低的条件下进行的。在本章中，重点阐述了 $1,2$-$C_2H_4Br_2$ 分子与波长为 800nm、脉冲宽度为 80fs 的强激光相互作用，发生库仑爆炸和解离电离的过程。三维直流切片离子成像技术可以同时获得产物碎片离子的动能分布信息和角度分布信息，因此本章中采用了三维直流切片离子速度成像的技术来研究 $1,2$-$C_2H_4Br_2$ 分子的库仑爆炸和解离电离的过程。测得了不同激光场强度下相关碎片离子的切片成像图，计算获得了各相关碎片离子的速度分布参数和角度分布参数。结果表明，相关碎片离子的高动能分量来源于二价母体离子 $1,2$-$C_2H_4Br_2^{2+}$ 的库仑爆炸过程，低动能分量来源于一价母体离子 $1,2$-$C_2H_4Br_2^{+}$ 的解离电离过程。使用 Gaussian 软件，在 B3LYP/6-311++G(2df，2pd)理论等级下对产生 $C_2H_4^{+}$ 和 Br_2 的解离电离通道进行了理论模拟，结果显示 Br_2 分子的产生机制是异步协同消除反应，是一价母体离子 $1,2$-$C_2H_4Br_2^{+}$ 经历同分异构化过程后越过势垒发生解离的过程。

第二节　质谱结果分析

　　使用中心波长为 800nm、脉冲持续时间为 80fs 的强飞秒激光电离解离 $1,2$-$C_2H_4Br_2$ 分子，采集了 $1,2$-$C_2H_4Br_2$ 分子在激光场强度为 $5×10^{13}$ ~ $1.6×10^{14}$ W/cm^2 范围内的电离解离质谱图。数据采集过程中，始终保持激光的偏振方向垂直于飞行时间 TOF 轴。图 5-1 给出了 $1,2$-$C_2H_4Br_2$ 分子在 $5.6×10^{13}$ W/cm^2、$6.5×10^{13}$ W/cm^2、$1.1×10^{14}$ W/cm^2 以及 $1.6×10^{14}$ W/cm^2 这 4 个光场强度下的电离解离质谱图。由于 Br 原子同位素(Br-79 和 Br-81)的存在，质谱图上含溴原子的碎片离子展现出谱峰分裂特征。图 5-2 中，质荷比 m/q 为 18 的离子是来源于腔内残余的水分子电离而产生的 H_2O^{+} 离子。分析 $1,2$-$C_2H_4Br_2$ 分子在上述 4 个激光场强度下的质谱图，可以总结出 $1,2$-$C_2H_4Br_2$ 分子在飞秒激光场中电离解离的特点：

　　(1) 4 个光场强度下，$1,2$-$C_2H_4Br_2$ 分子的碎片化程度都非常高，一价和二价母体离子发生 C—Br、C—C 和 C—H 化学键的断裂产生的大量碎片离子被观察到，而质谱中却未观察到一价母体离子和二价母体离子，这说明在飞秒强激光场下 $1,2$-$C_2H_4Br_2$ 分子中这 3 种化学键的断裂都很容易发生。

　　(2) 上述 4 个光场强度下都未观察到母体分子离子，形成这种现象的原因可能有两种：①中性母体分子吸收多个光子后发生化学键的断裂，产生中性碎片，中性碎片在激光场中继续吸收光子发生电离，产生碎片离子，这种机制称为解离—电离机制。②中性母体分子吸收多个光子发生电离，产生母体分子离子，母体分子离子由于自身的不稳定性或者在激光场中继续吸收光子发生解离，产生碎片离子，这种机制称为电离—解离机制。由于实验中使用的激光的脉宽为80fs，而化学键断裂的时间尺度为上百个飞秒甚至皮秒量级，因此中性母体分子来不及发生化学键断裂就已经被电离。因此，本章中所提及的 $1,2\text{-}C_2H_4Br_2$ 分子与飞秒激光的作用机制属于电离—解离机制。

（3）当光场强度为 $5.6\times10^{13}W/cm^2$ 时［图5-2（a）］，质谱上观察到了 $1,2\text{-}C_2H_4Br_2$ 分子断裂 C—Br 化学键的产物离子 $C_2H_4Br^+$ 和 Br^+；当光场强度为 $6.5\times10^{13}W/cm^2$ 时［图5-2（b）］，质谱上观察到了 $1,2\text{-}C_2H_4Br_2$ 分子断裂 C—C 化学键的产物离子 CH_2Br^+，这说明在实验中 $1,2\text{-}C_2H_4Br_2$ 分子发生 C—Br 化学键的断裂比发生 C—C 化学键的断裂要更容易一些；当光场强度为 $1.1\times10^{14}W/cm^2$ 时［图5-2（b）］，断裂两个 C—Br 化学键产生溴分子离子 Br_2^+ 的通道出现；高价碎片离子 Br^{2+}、C^{2+} 和 C^{3+} 分别在光场强度为 $6.5\times10^{13}W/cm^2$、$1.1\times10^{14}W/cm^2$ 和 $1.6\times10^{14}W/cm^2$ 下观察到，这与其出现势由小到大相吻合。

（4）4个光场强度下，质谱上都观察到大量的 $CH_j^+(j=0\sim3)$、$C_2H_k^+(k=0\sim3)$ 离子信号，它们可能来源于初级通道所产生离子的再次解离。

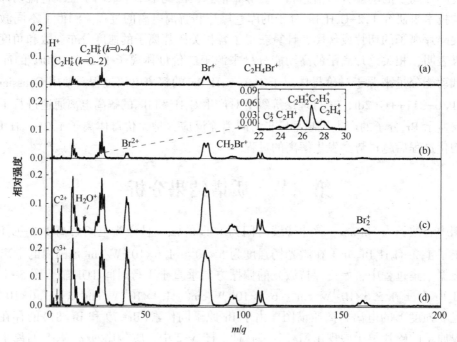

图5-2　$1,2\text{-}C_2H_4Br_2$ 分子的飞行时间质谱图

（a）光场强度为 $5.6\times10^{13}W/cm^2$；（b）光场强度为 $6.5\times10^{13}W/cm^2$；（c）光场强度为 $1.1\times10^{14}W/cm^2$；
（d）光场强度为 $1.6\times10^{14}W/cm^2$；图（b）中插图为放大后的 $C_2H_k^+(k=0\sim4)$ 离子

第三节　切片成像结果分析

多原子分子的光解过程异常复杂，飞行时间质谱技术仅能探测到分子电离解离过程的一维信息，为了更好地分析产物碎片离子的来源，判断其产生机制，故使用三维直流切片离子成像技术对 1,2-C$_2$H$_4$Br$_2$ 分子发生电离解离的初级通道所产生的主要碎片离子 C$_2$H$_4$Br$^+$、Br$^+$、C$_2$H$_4^+$、Br$_2^+$ 以及 CH$_2$Br$^+$ 进行了切片成像。实验中，采集了 1,2-C$_2$H$_4$Br$_2$ 分子在激光场强度为 $0.5 \times 10^{14} \sim 1.6 \times 10^{14}$ W/cm^2 范围内的主要碎片离子的切片成像图。比较不同激光场强度下这些碎片离子的图像可以发现，随着激光场强度的变化，离子图像的大小、形状均不发生改变，仅离子图像的强度有所增强，因此，只需要给出一个激光场强度下这些碎片离子的切片成像图。由于溴原子同位素的存在，导致含溴的碎片离子的切片成像图会出现两个赤道面，这两个赤道面所包含的动能和角度信息基本一致，本节所涉及实验采集的图像为含有同位素 Br—81 的切片成像图。图 5-3 是在激光场强度为 1.3×10^{14} W/cm^2 条件下，碎片离子 C$_2$H$_4{}^{81}$Br$^+$、^{81}Br$^+$、C$_2$H$_4^+$、^{81}Br$_2^+$ 以及 CH$_2{}^{81}$Br$^+$ 的切片成像图和相应的速度分布图，图中双箭头代表激光的偏振方向。图中所有的速度分布都用高斯函数进行了拟合，速度分布中的速度峰值和相应的动能峰值(KER)已在图中标出。

通过图 5-3 可知，碎片离子 C$_2$H$_4$Br$^+$、Br$^+$、C$_2$H$_4^+$、Br$_2^+$ 和 CH$_2$Br$^+$ 的动能都是由两部分组成的，分别是动能比较低的内环以及动能比较高的外环：低动能分量内环包括 C$_2$H$_4$Br$^+$(0eV)、Br$^+$(0.29eV)、C$_2$H$_4^+$(0.09eV) 和 CH$_2$Br$^+$(0eV)；高动能分量外环包括 C$_2$H$_4$Br$^+$(0.71eV)、Br$^+$(1.01eV)、C$_2$H$_4^+$(1.51eV)、Br$_2^+$(0.26eV) 和 CH$_2$Br$^+$(0.91eV)。为了更好的理解 1,2-C$_2$H$_4$Br$_2$ 分子的光解过程，本节对上述碎片离子的光解离通道进行了归属。通常情况下，碎片离子的高动能分量来自于二价母体离子的库仑爆炸过程，低动能分量来自于一价母体离子的多光子解离过程。

1. 1,2-二溴乙烷分子的库仑爆炸

处在飞秒强激光场中的气体多原子分子，会很快失去多个电子发生多电离，产生高价母体离子。由于高价母体离子内部强大的库仑推斥力，高价母体离子会发生化学键的断裂产生碎片离子。通过两体库仑爆炸过程产生的两个碎片离子遵从动量守恒定律，即这两个碎片离子的动能跟其质量之间满足如下关系式：

$$\frac{KER(X^{p+})}{KER(Y^{q+})} = \frac{M(Y^{q+})}{M(X^{p+})} \tag{5-1}$$

式中，X 和 Y 为多原子分子通过两体库仑爆炸过程所产生的碎片离子；p 和 q 为碎片离子 X 和 Y 所携带的电荷量；M 为碎片离子的质量数；KER 为碎片离子的动能。根据式(5-1)，可以判定碎片碎片离子 C$_2$H$_4{}^{81}$Br$^+$($m/q = 109$，$KER = 0.71$eV) 和 ^{81}Br$^+$($m/q = 81$，$KER = 1.01$eV) 为 1,2-C$_2$H$_4$Br$_2$ 二价母体离子沿 C—Br 化学键方向发生两体库仑爆炸所产生的通道：

$$C_2H_4Br_2 \longrightarrow C_2H_4Br^+ + Br^+ + 2e^- \,(1.82eV)$$

同理，可判定碎片碎片离子 C$_2$H$_4^+$($m/q = 28$，$KER = 1.51$eV) 和 ^{81}Br$_2^+$($m/q = 162$，$KER = 0.26$eV) 为 1,2-C$_2$H$_4$Br$_2$ 二价母体离子发生两个 C—Br 化学键断裂所产生的通道：

$$C_2H_4Br_2 \longrightarrow C_2H_4^+ + Br_2^+ + 2e^- \,(1.77eV)$$

然而，对于碎片离子 CH$_2{}^{81}$Br$^+$($m/q = 109$，$KER = 0.90$eV) 而言，1,2-C$_2$H$_4$Br$_2$ 二价母体离子沿 C—C 化学键方向发生库仑爆炸会生成两个完全一样的碎片离子 CH$_2{}^{81}$Br$^+$，来自于如下通道：

$$C_2H_4Br_2 \longrightarrow CH_2Br^+ + CH_2Br^+ + 2e^- \,(1.80eV)$$

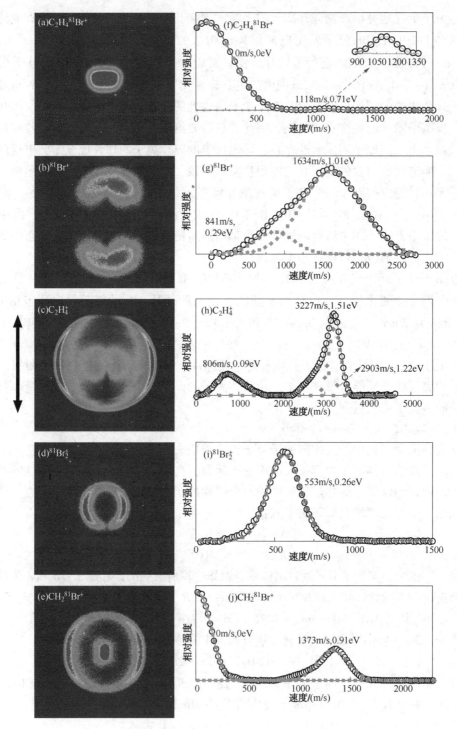

图 5-3 碎片离子切片成像图及速度分布图

（a）~（e）：当光场强度为 $1.3×10^{14}\,W/cm^2$ 时，$1,2-C_2H_4Br_2$ 分子发生电离解离产生的碎片离子；（f）~（j）：$C_2H_4Br^+$、Br^+、$C_2H_4^+$、Br_2^+、CH_2Br^+ 的切片图以及其相对应的速度分布图；黑色圆圈为实验所得数据；实线为高斯函数拟合所得到的结果；图旁双箭头表示激光的偏振方向我们注意到，上述 3 个通道都是 $1,2\text{-}C_2H_4Br_2$ 二价母体离子发生库仑爆炸所产生的通道，然而其能量却有略微差别，分别为 1.82eV、1.77eV、1.80eV，这表明产生这 3 个通道的前驱离子不在同一个态上，即通道来源于 $1,2\text{-}C_2H_4Br_2$ 二价母体离子不同态的库仑爆炸。此外，我们注意到图 5-3(h) 中，$C_2H_4^+$ 还有另外一个峰 $C_2H_4^+(m/q=28，KER=1.22eV)$，其产生过程相当复杂，可能的产生途径也比较多，主要有 3 种可能性：①产生于初级解离碎片 $C_2H_4Br^+$ 离子的次级解离；②来源于 $1,2\text{-}C_2H_4Br_2$ 二价母体离子的不同前驱态的解离；③溴分子离子的消除过程本身导致此库仑爆炸通道的双峰结构。

除了动能分布以外，在光解通道的归属问题中，角度分布信息也十分重要。角分布信息可以展现出发生两体库仑爆炸瞬间的两个碎片离子的空间分布。图 5-4 是在激光场强度为 $1.3\times10^{14}W/cm^2$ 下，碎片离子 $C_2H_4Br^+$ 和 Br^+ 以及 $C_2H_4^+$ 和 Br_2^+ 的高动能分量的角度分布图。从图中可以看出，碎片离子 $C_2H_4Br^+$ 和 Br^+ 以及 $C_2H_4^+$ 和 Br_2^+ 的高动能分量展现出相似的角分布信息，这说明来源于 $1,2\text{-}C_2H_4Br_2$ 二价母体离子的同一两体库仑爆炸通道的碎片离子展现出相似的角分布信息，这进一步印证了它们是来源于同一两体库仑爆炸通道。

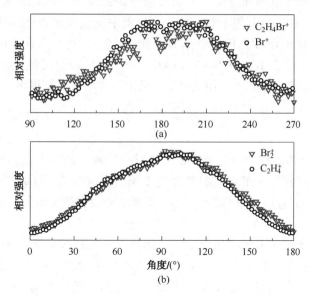

图 5-4　当光场强度为 $1.3\times10^{14}W/cm^2$ 时，碎片离子高动能分量的角分布图
（a）$C_2H_4Br^+$ 和 Br^+；（b）$C_2H_4^+$ 和 Br_2^+

2. 1,2-二溴乙烷分子的多光子解离

处在飞秒强激光场中的气体分子，可以失去一个电子发生电离，成为一价母体离子，一价母体离子由于其自身的不稳定性或者在激光场中继续吸收光子，可以解离成为一个离子、一个中性碎片、一个电子，这种解离方式称为解离电离。在解离电离过程中，碎片离子所获得的动能往往都比较低。因此，可以判定碎片离子 $C_2H_4{}^{81}Br^+(0eV)$ 和 ${}^{81}Br^+(0.29eV)$ 为 1,2-二溴乙烷一价母体离子发生在 C—Br 化学键方向上的解离电离：

$$C_2H_4Br_2 \longrightarrow C_2H_4Br^+ + Br + e^-$$
$$C_2H_4Br_2 \longrightarrow C_2H_4Br + Br^+ + e^-$$

同理，通过断裂两个 C—Br 化学键键产生的 $C_2H_4^+$（0.09eV）离子和断裂 C—C 化学键产生的 $CH_2{}^{81}Br^+$（0eV）离子也来源于 1,2-二溴乙烷一价母体离子的解离电离过程：

$$C_2H_4Br_2 \longrightarrow C_2H_4^+ + Br_2 + e^-$$

$$C_2H_4Br_2 \longrightarrow CH_2Br^+ + CH_2Br + e^-$$

表 5-1　使用 Gaussian09 软件计算所得的多光子解离通道的出现势 AE、所需最少光子数 n、可资用能 ΔE，以及实验所得离子的相应 KER 值

通　　道	AE/eV	n	$\Delta E/eV$	$KERs/eV$
$C_2H_4Br_2 \longrightarrow C_2H_4Br^+ + Br + e^-$	10.47	7	0.11–0.67	0–0.12
$C_2H_4Br_2 \longrightarrow C_2H_4Br + Br^+ + e^-$	16.12	11	0.49–1.35	0.21–0.91
$C_2H_4Br_2 \longrightarrow C_2H_4^+ + Br_2 + e^-$	11.54	8	0.54–1.17	0.04–0.21
$C_2H_4Br_2 \longrightarrow CH_2Br^+ + CH_2Br + e^-$	12.19	8	0–0.53	0–0.03

通常情况下，可以使用 Caussian 软件来进一步确认上述多光子解离通道的正确性，同时还可以获得上述各多光子解离通道发生所需要吸收的最少光子数目。因此，通过 B3LYP 方法，在 6-311++G（2df，2pd）基组下对上述 4 个通道中所包含的中性碎片和离子碎片的基态结构进行了优化，并且在 CCSD(T)/cc-pVTZ 理论等级下对这些产物碎片的单点能进行了计算，计算所得的单点能包含 B3LYP/6-311++G（2df，2pd）理论等级下的零点能矫正。上述各解离电离通道的出现势 AE 和可资用能 ΔE 可以由下述两式计算得出：

$$AE = \sum_i E_i - \sum_j E_j \tag{5-2}$$

$$\Delta E = nh\nu - AE \tag{5-3}$$

式（5-2）中，E_i 为各产物碎片的单点能；E_j 为各反应物碎片的单点能。出现势 AE 为产物碎片单点能的总和与反应物碎片单点能的总和的差值，出现势 AE 与单光子能量 $h\nu$ 的比值取比其大但最与其接近的整数，可以得到上述各解离电离通道的发生所需要吸收的最少光子的数目 n。

一般情况下，对于多光子解离通道而言，碎片离子的速度分布图中所对应的 KER 值在理论计算所得到的通道可资用能 ΔE 范围之内，这可以作为进一步判断此碎片离子是来源于此多光子解离通道的一个判据。前述 4 个多光子解离通道的出现势 AE、最少吸收光子数 n 以及可资用能 ΔE 的值可参考表 5-1。由表中的数据可以看出，所有这些多光子解离通道实验上所获得的 KER 值均在理论计算所得到的通道可资用能 ΔE 范围之内，从而进一步证实这些离子的低动能分量来源于多光子解离通道。

第四节　从头算法对溴分子（Br_2）消除通道的模拟

在 1,2-$C_2H_4Br_2$ 分子的所有多光子解离通道中，一价母体离子 1,2-$C_2H_4Br_2^+$ 通过解离电离过程产生产物碎片 C_2H_4 和 Br_2 的过程最为复杂，这个过程涉及两个 C—Br 化学键的断裂以及 1 个新的 Br—Br 键的生成。使用 B3LYP 密度泛函理论，在 6-311++G（2df，2pd）基组下，利用 Gaussian 09 软件计算了 1,2-$C_2H_4Br_2$ 分子通过解离电离过程产生 $C_2H_4^+$ 和 Br_2 的反应路径。首先，优化了位于 1,2-$C_2H_4Br_2$ 一价母体离子基态双重态势能面上的反应物、过渡态

以及产物离子的稳定构型。其次，计算了位于一价母体离子基态双重态势能面上的反应物、过渡态以及产物离子的振动频率，计算所得的诸多振动频率中，虚频的个数可以用来判断此结构是否为稳定结构或者是过渡态，判断方式为：当虚频的个数为 0，即 $NMAG = 0$，则说明此结构为稳定结构，处于势能面上的局域最小点；当虚频的个数为 1，即 $NMAG = 1$，则说明此结构为过渡态结构。最后，使用内反应坐标计算（Intrinsic Reaction Coordinate，IRC）可以确定所计算的过渡态是否是属于连接一价母体离子 $1,2\text{-}C_2H_4Br_{2+}$ 和产物 $C_2H_4^+ + Br_2$ 的过渡态。单点能的计算使用 CCSD(T)/cc-PVTZ 方法，单点能包括 B3LYP/6-311++G(2df，2pd) 理论等级下的零点能矫正。

中性母体分子 $1,2\text{-}C_2H_4Br_2$ 通过解离电离过程产生碎片离子 $C_2H_4^+$ 和 Br_2 的反应路径如图5-5 所示[反应路径的计算是在 B3LYP/6-311++G(2df，2pd) 理论等级下进行的。单点能的计算使用 CCSD(T)/cc-PVTZ 方法，能量包括 B3LYP/6-311++G(2df，2pd) 理论等级下的零点能矫正]。中性基态母体分子 $1,2\text{-}C_2H_4Br_2$ 的稳定结构为反式结构，中性母体离子失去一个电子后会发生电离，电离后的一价母体分子离子的构型 $1,2\text{-}C_2H_4Br_2^+$ 仍为反式结构，一价母体离子 $1,2\text{-}C_2H_4Br_2^+$ 的稳定构型与中性母体分子 $1,2\text{-}C_2H_4Br_2$ 的稳定构型相差不大。随后，反式结构的一价母体离子 $1,2\text{-}C_2H_4Br_2^+$ 越过一个能量为 0.07eV 的势垒，发生异构化过程转化为顺势结构。最后，顺势结构的一价母体离子越过一个能量为 1.47eV 的势垒，进而发生解离产生产物碎片 $C_2H_4^+$ 和 Br_2。从图5-5 可知，反应路径上分子构型的变化主要是由于 C—C 化学键的旋转而造成的 $\Phi(BrCCBr)$ 二面角的变化、C—Br 化学键键长的变化以及 Br—Br 之间距离的变化。

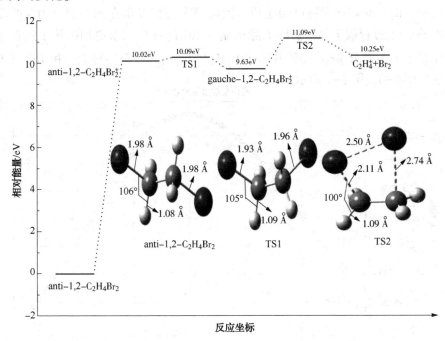

图5-5　多光子解离通道 $1,2\text{-}C_2H_4Br_2 \longrightarrow C_2H_4^+ + Br_2$ 的解离机制。

表 5-2　反应路径上一价母体离子各结构主要参数变化

	Φ(BrCCBr)二面角/(°)	C—Br 键长/Å	Br—Br 间距/Å
异构化过程	157	1.95, 1.95	4.52
	147	1.94, 1.96	4.45
	125	1.93, 1.96	4.31
	113	1.94, 1.96	4.25
	102	1.96, 1.96	4.16
	93	1.96, 1.96	4.03
解离过程	23	2.01, 1.99	2.77
	16	2.37, 1.96	2.66
	15	2.57, 1.98	2.59
	14	2.76, 2.10	2.51
	13	2.90, 2.29	2.42
	11	3.04, 2.45	2.34
	10	3.26, 2.58	2.31

表 5-2 所示为反应路径上一价母体离子各结构的主要参数[Φ(BrCCBr)二面角、C—Br 化学键的键长、Br—Br 之间的距离]的变化。由表可知,在同分异构化的过程中, Φ(BrCCBr)二面角一直在减小,两个 C—Br 化学键的键长被不同程度地拉伸,两个溴原子之间的距离越来越接近,直到反式的一价母体离子结构转化为顺势的一价母体离子结构,此时同分异构化过程完成。解离过程中,Φ(BrCCBr)二面角一直在减小,一个 C—Br 化学键的键长伸长较快,另一个 C—Br 化学键的键长伸长较慢,因此,一个 C—Br 化学键先断裂。两个溴原子之间的距离一直减小,直到生成 Br—Br 新化学键。由于在第二个 C—Br 化学键完全断裂之前,Br—Br 新化学键已经生成,因此整个过程发生在同一个动力学步骤里。由此可知,Br_2 的产生过程属于异步协同消除机制。IRC 的计算结果更加确认了这两个过渡态是中性母体分子 1,2-$C_2H_4Br_2$ 产生碎片离子 $C_2H_4^+$ 和 Br_2 的过渡态,对 TS1 和 TS2 的 IRC 计算的结果分别如图 5-6、图 5-7 所示。

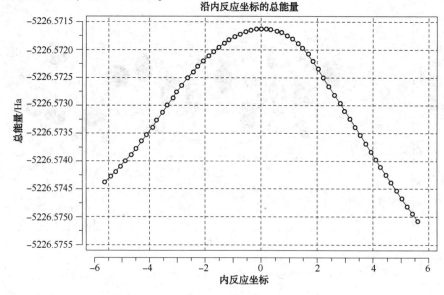

图 5-6　多光子解离通道 1,2-$C_2H_4Br_2$ ——→$C_2H_4^+$+Br_2 的反应路径上 TS1 的 IRC 计算结果

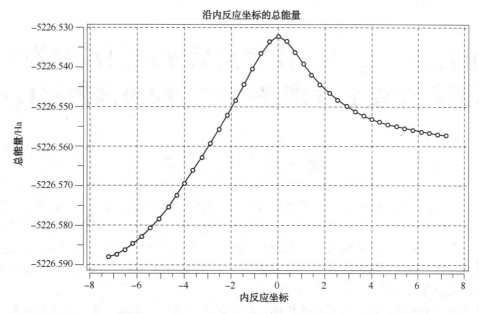

图 5-7　多光子解离通道 1,2-C₂H₄Br₂ ——→ C₂H₄⁺+Br₂ 的反应路径上 TS2 的 IRC 计算结果

　　密度泛函 B3LYP 理论一直被认为是计算二溴代烷烃分子发生溴分子消除反应的有效方法。近年来，很多研究小组都采用了 B3LYP 方法成功解释了他们的实验结果。然而，为了保证计算的准确性，还可使用 MP2 方法，在 6–311G（d，p）基组下，计算中性母体分子 1,2-C₂H₄Br₂ 产生碎片离子 C₂H₄⁺ 和 Br₂ 的反应路径。计算结果表明，使用 MP2/6—311G（d，p）方法所得到的计算结果与上述使用 B3LYP 方法得到的计算结果一致。另外，在计算中，还须考虑由溴原子所引起的标量相对论效应，对溴原子使用了相对论赝势基组 cc-PVTZ-PP，这个基组来源于 EMSL Basis Set Exchange。计算发现，无论是对于单点能的计算还是对于分子结构参数的计算，采用相对论赝势基组所得到的计算结果都与上述未使用相对论赝势基组的计算结果相吻合，这说明由溴原子所引起的相对论效应在计算 1,2-二溴乙烷分子电离解离过程中所涉及的出现势和反应路径方面的影响是可以忽略的。

第六章 1,2-二溴乙烷分子通过库仑爆炸过程产生溴分子离子(Br_2^+)的协同消除反应

第一节 研究背景

1,2-二溴乙烷分子的稳定构型如图 6-1 所示,此构型是使用 Gaussian 09 软件,在 B3LYP/6-311++G(2df,2pd)理论等级下对优化后得到的。优化的构型显示,1,2-二溴乙烷分子中 4 个 C—H 化学键的键长都为 1.08Å,2 个 C—Br 化学键的键长都为 1.98Å,C—C 化学键的键长为 1.50Å,两个溴原子之间的距离为 4.67Å,Br—C—C—Br 这 4 个原子所组成的二面角的角度为 180°。

原子和分子系统与强激光的相互作用是科学研究中的一个基础领域,近几十年来得到了很多实验学家和理论学家的观注。研究人员对原子和分子系统与强激光场发生相互作用所产生的现象,如高次谐波的产生、多光子电离、阈值上电离、解离电离、库仑爆炸等进行了广泛而深入的研究。在破坏臭氧层的反应中,一个氯原子作为催化剂可以破坏多达 $1×10^5$ 个臭氧分子。研究表明,在破坏臭氧层的反应中,溴原子作为催化剂对臭氧层的破坏作用是氯原子的 100 倍以上,即 1 个溴原子可以对多达 $1×10^7$ 个臭氧分子造成破坏。由于溴原子对臭氧层分子的强烈破坏作用,光场中溴代烷烃的电离和解离动力学一直是近年来科学研究的热点,吸引了很多实验学家和理论学家的研究。在光的激发下,溴原子中的孤对电子会跃迁到 C-Br 化学键的反键轨道,即发生 n→σ* 跃迁,这种跃迁会导致 C—Br 化学键的快速断裂。长期以来,发生 C—Br 化学键断裂,生成溴原子的通道被认为是卤代烷烃与激光作用的主要通道。

相比于溴代烷烃分子发生 C—Br 化学键断裂生成溴原子通道的研究,对于溴代烷烃分子发生两个 C—Br 化学键断裂生成溴分子通道研究的报道很少。近年来,一些研究小组发现,某些二溴代烷烃化合物在光的作用下可以产生溴分子。研究这些溴分子消除通道对大气溴化学的发展具有十分重要的意义。二溴代烷烃分子发生溴分子消除反应有 3 种机制:第一种机制是顺序消除反应机制,即二溴代烷烃分子中两个 C—Br 化学键先后发生断裂生成两个溴原子,接着两个溴原子发生碰撞结合生成溴分子;第二种机制是同步协同消除反应机制,即二溴代烷烃分子中两个 C—Br 化学键以相同的速率伸长,在两个 C—Br 化学键完全断裂之前,新的 Br—Br 化学键已经形成,最后,两个 C—Br 化学键同时发生断裂生成溴分子,整个过程是在同一个动力学步骤里完成的;第三种机制是异步协同消除反应机制,即二溴代烷烃分子中两个 C—Br 化学键以不同的速率伸长,一个 C—Br 化学键先断裂,另一个 C—Br 化学键完全断裂之前新的 Br—Br 化学键已经形成,最后第二个 C—Br 化学键发生断裂生成溴分子,整个过程发生在同一个动力学步骤里。同步协同消除反应机制和异步协同消除反应机制统称为协同消除反应机制。林研究小组使用波长为 248nm 的纳秒激光器,研究了一系列二溴代烷烃分子发生协同消除反应产生溴分子的过程,如二溴甲烷(CH_2Br_2)、二

氟二溴甲烷(CF_2Br_2)、一氯二溴甲烷($CHBr_2Cl$)、三溴甲烷($CHBr_3$)、1,2-二溴乙烷（1,2-$C_2H_4Br_2$）、1,1-二溴乙烷（1,1-$C_2H_4Br_2$）等。他们使用了一种新的光谱探测方法，腔衰荡吸收光谱(Cavity Ring Down Absorption Spectroscopy，CRDS)法，这种光谱探测方法的灵敏度优于之前光谱的探测方法。他们发现，这些溴代烷烃分子发生光解离，生成 Br_2 分子的机制为：溴代烷烃中性母体分子吸收 1 个光子至其激发态，激发态势能面与基态高振动态势能面互相耦合，最终处在基态高振动态势能面上的溴代烷烃分子通过异步协同机制产生了溴分子。不同于林研究小组得到的结论，张研究小组研究了 1,2-二溴乙烷（1,2-$C_2H_2Br_2$）和 1,1-二溴乙烷（1,1-$C_2H_2Br_2$）分子，发现 Br_2^+ 分子离子是由一价母体离子吸收多个光子，通过解离电离的过程产生的，其产生机制同样为异步协同消除机制。为了探究 Br_2^+ 分子消除反应的动力学过程，Dantus 研究小组使用泵浦探测技术，研究了一系列二卤代甲烷分子 CX_2YZ（其中 X＝H、F、Cl；Y/Z＝I、Br、Cl）发生消除反应生成卤素分子的过程。他们的研究表明，卤素分子的消除反应过程是一个快过程，这个过程所需时间仅约为 50fs。他们还发现，同核卤素分子 Y_2 是通过异步协同消除机制产生的，而异核分子卤素 YZ 是通过同步协同消除机制产生的。纵观前人研究可以发现，以往人们对于分子消除反应的研究都是在紫外、弱激光场下进行的，而对于红外、强激光场下分子消除反应机制的研究目前还比较少。

当中性分子处在飞秒强激光场中时（激光场强度大于 10^{13} W/cm²），分子中的核外电子会被强激光外场快速剥离，发生多电离生成高价母体离子，产生的高价母体离子由于受到内部强大的库仑排斥力作用，会发生剧烈解离产生碎片离子，此过程称为库仑爆炸过程。前人研究表明，激光致库仑爆炸是研究分子结构以及分子反应动力学的有效手段。通过三维直流切片离子速度成像技术，在中心波长为 800nm、脉冲宽度为 80fs 的激光条件下，可对 1,2-二溴乙烷分子通过两体库仑爆炸过程产生 Br_2^+ 和 $C_2H_4^+$ 的协同消除反应进行研究。在测得 1,2-二溴乙烷分子在不同激光场强度下的飞行时间质谱图，采集碎片离子 Br_2^+ 和 $C_2H_4^+$ 在不同激光场强度下的切片成像图后，可对切片成像图进行处理，从而获得碎片离子 Br_2^+ 和 $C_2H_4^+$ 在不同激光场强度下的动能分布和角分布图。对动能分布和角分布图进行研究可知，碎片离子 Br_2^+ 和 $C_2H_4^+$ 来源于二价母体离子的库仑爆炸过程。通过 Gaussian 09 软件对 1,2-二溴乙烷分子产生 Br_2^+ 消除反应的路径进行计算的计算结果表明，此消除反应的产生机制为四中心同步协同消除反应机制。

第二节　质谱结果分析

首先，采集了 1,2-二溴乙烷分子在中心波长为 800nm、脉冲宽度为 80fs、激光场强度为 $5.0×10^{13}$～$1.6×10^{14}$ W/cm² 的激光条件下的电离解离质谱图。质谱采集过程中，保持激光偏振方向垂直于飞行轴。图 6-1 所示为激光场强度为 $6.5×10^{13}$ W/cm²、$1.1×10^{14}$ W/cm²、$1.6×10^{14}$ W/cm² 的条件下，1,2-二溴乙烷分子的飞行时间质谱图。

自然条件下，溴原子有两个同位素，分别是 Br—79 和 Br—81，因此，质谱中含溴的碎片离子展现出谱峰分裂的现象。不同激光场强度下，质谱上均无一价和二价母体离子出现，这说明在中心波长为 800nm、脉冲宽度为 80fs 的激光条件下，一价和二价母体离子不稳定。引起母体离子不稳定的原因可能为：①激光脉冲宽度范围内，母体离子吸收更多的光子发生

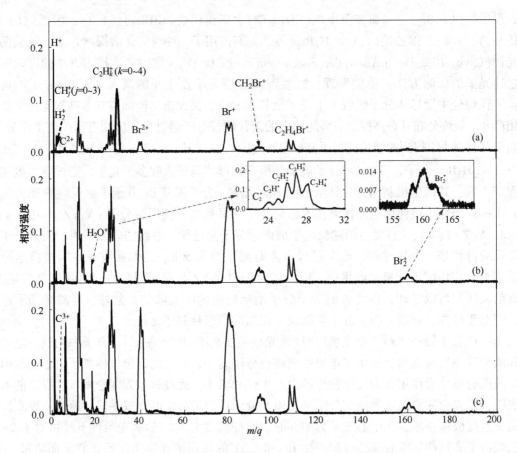

图 6-1   1,2-二溴乙烷分子的电离解离质谱图(中心波长为 800nm,脉宽为 80fs)

(a)光场强度 = $6.5×10^{13}\text{W/cm}^2$;(b)光场强度 = $1.1×10^{14}\text{W/cm}^2$,H^+ 离子信号未完全给出,插图为放大后的碎片离子 $C_2H_k^+(k=0\sim4)$ 和 Br_2^+ 的质谱图;(c)光场强度 = $1.6×10^{14}\text{W/cm}^2$,H^+ 信号未完全给出

了电离或者解离;②母体离子的寿命短于其飞行时间,从而导致其无法被探测到。当激光场强度为 $6.5×10^{13}\text{W/cm}^2$ 时,图 6-1(a)中按质荷比由小到大所呈现的碎片离子为:H_i^+($i=1$、2)、C^{2+}、CH_j^+($j=0\sim3$)、$C_2H_k^+$($k=0\sim4$)、Br^{2+}、Br^+、CH_2Br^+ 和 $C_2H_4Br^+$。这些碎片离子来源于 1,2-二溴乙烷分子发生 C—Br、C—C、C—H 等化学键的断裂,携带高价电荷的碎片离子的出现说明了 1,2-二溴乙烷分子在此激光场条件下发生了库仑爆炸过程。当激光场强度为 $1.1×10^{14}\text{W/cm}^2$ 时,质谱上出现了质荷比 $m/q=156$、158、160 的新离子 Br_2^+,这预示着新的库仑爆炸通道的出现。当激光场强度增高达 $1.6×10^{14}\text{W/cm}^2$ 时,更高价的碎片离子 C^{3+} 出现,这说明随着激光场强度的增长,解离过程越来越剧烈。质谱中质荷比 $m/q=18$ 的离子为腔内残留的水分子电离生成的 H_2O^+,对本章中所涉及的实验分析无任何影响。本章所涉及的实验中观察到的 1,2-二溴乙烷电离解离质谱图与刘研究小组观察到的二碘甲烷(CH_2I_2)、一碘一氯甲烷(CH_2ICl)的电离解离质谱图类似。在刘研究小组的实验中,刘等分别在激光场强度为 $1.4×10^{14}\text{W/cm}^2$ 和 $3.0×10^{14}\text{W/cm}^2$ 的条件下观察到了碘分子离子(I_2^+)以及碘氯分子离子(ICl^+)。

第三节　切片成像结果分析

飞行时间质谱技术仅能探测到分子电离解离的一维信息，为了更好地分析和研究分子的光解离过程，判断光解碎片离子的来源及其产生机制，研究者们通常会选用三维直流切片离子成像技术。三维直流切片离子成像技术可以同时提供离子的动能分布和角度分布信息，通过三维直流切片离子成像技术，可采集不同激光场强度下 Br_2^+ 和 $C_2H_4^+$ 的切片成像图。碎片离子 Br_{2+} 和 $C_2H_4^+$ 的切片成像图的强度随激光场强度的升高而不断增强。由于溴原子同位素的存在，导致含溴碎片离子的切片成像图会出现两个赤道面，这两个赤道面所包含的动能和角度信息基本一致。图6-2所示为 Br_2^+ 离子和 $C_2H_4^+$ 离子在激光场强度为 $1.1 \times 10^{14}\,W/cm^2$ 时的切片成像图和相应的速度分布图，图中双箭头代表激光的偏振方向。图6-2中所有速度分布均用高斯函数进行了拟合，速度分布中的速度峰值和相应的动能峰值（KER）已在图中标出。图6-2(d)中，$C_2H_4^+$ 离子有一个峰 $C_2H_4^+$（$m/q = 28$，$KER = 1.22\,eV$），其产生过程非常复杂，因此图6-2(d)中未将其拟合。

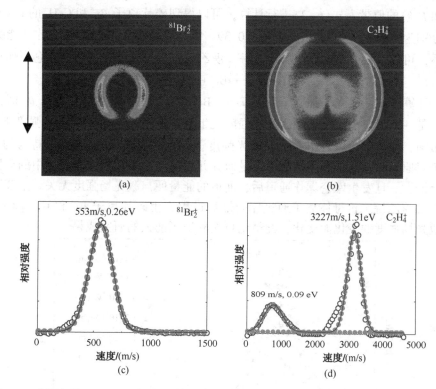

图6-2　碎片离子 Br_2^+、$C_2H_4^+$ 切片成像图及相应的速度分布图（激光场强度 $= 1.1 \times 10^{14}\,W/cm^2$）

"○"—实验数据；"—●—"—高斯函数拟合所得的各个速度分布峰；"——"—各拟合速度峰叠加后形成的总速度分布；"◀▶"—激光的偏振方向

图6-2中 Br_2^+ 的切片成像图和速度分布图中未出现峰值动能为 0eV 的各向同性峰，这说明实验中所观察到的 Br_2^+ 不是来源于样品内变质所产生的 Br_2 的直接电离。在两体库仑爆炸模型中，来源于同一库仑爆炸通道的两个碎片离子 X^{p+} 和 Y^{q+} 满足如下的关系式：

$$\frac{KER(X^{p+})}{KER(Y^{q+})} = \frac{M(Y^{q+})}{M(X^{p+})} \qquad (6-1)$$

式中，X 和 Y 为通过两体库仑爆炸过程所产生的碎片离子；p 和 q 为碎片离子 X 和 Y 所携带的电荷量；M 为碎片离子的质量数；KER 为碎片离子的动能。

经过计算，碎片离子 Br_2^+($m/q=162$，$KER=0.26eV$）和 $C_2H_4^+$($m/q=28$，$KER=1.51eV$）的动能和质量关系满足式(6-1)，误差仅为 0.3%。

除了满足式(6-1)的动能关系以外，通过两体库仑爆炸通道所产生的两个碎片离子还应该具有相似的角分布信息。一般情况下，$\cos^2\theta$ 的数学期望值可以用来表征碎片离子的角分布，计算公式如下：

$$\langle \cos^2\theta \rangle = \frac{\int I(\theta)\cos^2\theta\sin\theta d\theta}{\int I(\theta)\sin\theta d\theta} \qquad (6-2)$$

式中，θ 为碎片离子相对于激光偏振方向的出射角，rad；$I(\theta)$ 是由切片成像图经过处理所得到的离子的强度，W/cm^2。

将 θ 和 $I(\theta)$ 的值带入式(6-2)进行计算，可以得到碎片离子 Br_2^+ 和 $C_2H_4^+$ 的 $\cos^2\theta$ 的数学期望值，分别为 $\langle \cos^2\theta \rangle = 0.38$ 和 $\langle \cos^2\theta \rangle = 0.39$。纵观碎片离子 Br_2^+ 和 $C_2H_4^+$ 的动能关系和角度分布关系，可以确定 Br_2^+ 离子来源于 1,2-二溴乙烷二价母体离子的两体库仑爆炸过程：

$$C_2H_2Br_2 \longrightarrow Br_2^+ + C_2H_4^+ + 2e^-$$

另外，计算了不同激光场强度下碎片离子 $^{81}Br_2^+$ 和 $C_2H_4^+$ 的 KER 值和 $\langle \cos^2\theta \rangle$ 值，发现这两个数值都是一个恒定值，都不随激光场强度发生变化。图 6-3 为不同激光强度下 Br_2^+ 离子的动能分布图，从图中可以看出：不同激光强度下，Br_2^+ 的峰值动能始终保持为约 0.26eV。研究者对于双原子和多原子分子进行了大量研究并得出结论：处于强激光场中的双原子分子和多原子分子，一旦发生库仑爆炸通道后，通道的能量便与激光场强度无关。本节所涉及实验中，1,2-二溴乙烷二价母体离子通过库仑爆炸过程产生碎片离子 Br_2^+ 和 $C_2H_4^+$ 通道的动能峰值不随激光场强度的变化而变化，此结论再次验证了前人的研究成果。

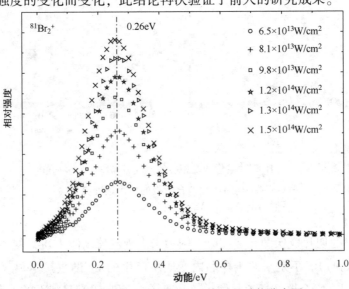

图 6-3　不同激光场强度下 Br_2^+ 离子的动能分布图

1,2-二溴乙烷分子的稳定构型为反式构型,此构型中两个溴原子分别指向相反的方向。观察 1,2-二溴乙烷分子的顺势构型,可以发现此构型中两个溴原子之间的距离仍然很远。关于相距很远的两个溴原子如何结合在一起这一问题,前人开展了大量研究。以前的研究者们对碘分子的消除反应做了很多研究,他们的研究结果表明:碘分子的产生涉及到母体分子的离子对态,在库仑吸引力的作用下,相距很远的两个碘原子发生相互吸引,最终导致碘分子的产生。因此,本章所涉及实验中产生的 Br$_2^+$ 的 1,2-二溴乙烷二价母体离子的电子态也很有可能具有离子对态的性质,这样,在库仑吸引力的作用下,相距很远的两个溴原子发生相互吸引,最终导致 Br$_2^+$ 的产生。

第四节　从头算法对溴分子离子(Br$_2^+$)消除通道的模拟

二卤代烷烃母体分子主要通过两种机制发生分子消除反应:第一种机制为顺序机制(非协同机制),即两个碳—卤化学键按顺序依次断裂,先后产生两个卤素原子,之后两个卤素原子由于碰撞过程而结合生成卤素分子;第二种机制为协同机制,即两个碳—卤化学键的断裂和卤素分子的生成是同时进行的,发生在同一个动力学步骤里。显而易见,本章所涉及实验中 Br$_2^+$ 的形成是属于协同机制。为了进一步分析 Br$_2^+$ 的形成机制,使用 Gaussian 09 软件,在 B3LYP/6-311++G(2df,2pd)理论等级下模拟了 1,2-二溴乙烷分子通过两体库仑爆炸过程,产生 Br$_2^+$ 的反应路径。

首先,优化了位于 1,2-二溴乙烷二价母体离子单重基态势能面上的反应物、过渡态以及产物离子的构型。其次,计算了各个构型的频率,可以通过频率的计算来确定构型是否为反应物、过渡态以及产物离子,判断方式为:当虚频的个数为 0 时,即 $NMAG = 0$,则说明此构型为稳定结构,处于势能面的局域最小点;当虚频的个数等于 1 时,即 $NMAG = 1$,则说明此构型为过渡态。反应物、过渡态以及产物离子的单点能[包含 B3LYP/6-311++G(2df,2pd)理论等级下的零点能矫正]也在 B3LYP/6-311++G(2df,2pd)理论等级下进行了计算。最后,使用内反应坐标计算(Intrinsic Reaction Coordinate,IRC)对此过渡态是否是连接反应物和产物 Br$_2^+$ 的过渡态进行了进一步确认,计算结果如图 6-4 所示。

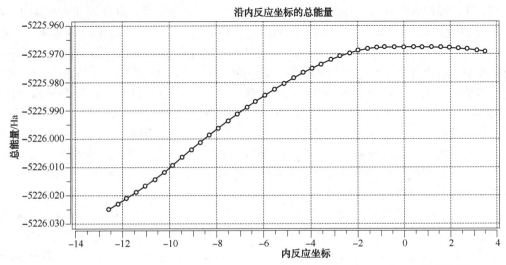

图 6-4　1,2-二溴乙烷二价母体离子解离生成碎片离子 C$_2$H$_4^+$ 和 Br$_2^+$ 的 IRC 计算结果

对于产生 Br_2^+ 反应路径的计算，从优化二价母体分子离子的稳定构型开始，优化的结果表明：二价母体离子的稳定构型不同于一价母体离子的稳定结构（图 6-5），也与中性分子的稳定结构相差颇大。在中性 1,2-二溴乙烷分子的稳定结构中：$\Phi(BrCCBr)$ 二面角为 180°、两个 C—Br 化学键的键长都为 1.98Å、两个 Br 原子之间的距离为 4.7Å；而在 1,2-二溴乙烷二价母体离子的结构中：$\Phi(BrCCBr)$ 二面角为 115°、两个 C—Br 化学键的键长都为 1.91Å、两个 Br 原子之间的距离为 3.5Å（图 6-5）。导致这种现象出现的原因可能为中性基态母体分子在强激光场中失去两个电子后，其结构发生了很大变化。中性母体分子失去电子后，其构型发生很大变化的这种现象在前人关于 C_2H_6 分子和 C_6H_{12} 分子光解离的研究中也有过报道，其中 C_2H_6 分子与其二价母体分子离子 $C_2H_6^{2+}$ 的稳定构型、C_6H_{12} 分子与其三价母体分子离子 $C_6H_{12}^{3+}$ 的稳定构型相差很大。

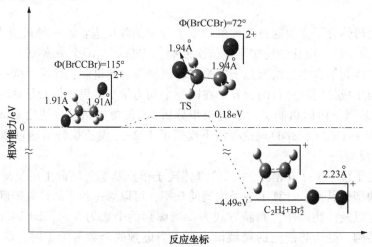

图 6-5　1,2-二溴乙烷二价母体离子解离生成碎片离子 $C_2H_4^+$ 和 Br_2^+ 的反应路径简图

图 6-5 为计算所得的 1,2-二溴乙烷二价母体离子解离生成碎片离子 $C_2H_4^+$ 和 Br_2^+ 的反应路径图。从图中可以看出，Br_2^+ 的形成是从 C—C 化学单键的旋转形成过渡态开始的。在过渡态结构中：$\Phi(BrCCBr)$ 二面角减小为 72°、两个 C—Br 化学键的键长同步伸长为 1.94Å、两个 Br 原子之间的距离缩短为 3.5Å。跨越过渡态势垒后，二价母体离子通过两体库仑爆炸过程解离生成 $C_2H_4^+$ 和 Br_2^+。IRC 计算清楚地表明，此过渡态为生成 Br_2^+ 的过渡态。表 6-1 为反应路径中二价母体离子势能曲线上的各个结构的主要参数：$\Phi(BrCCBr)$ 二面角、C—Br 化学键的键长以及两个溴原子之间的距离的变化值。由表 6-1 可以看出，在整个解离过程中，$\Phi(BrCCBr)$ 二面角一直在减小，两个 C—Br 化学键的键长被同步拉长，两个溴原子之间的距离在逐步缩短。分析表 6-1 的数据可以知道，在整个解离过程中，两个 C—Br 化学键是同时开始伸长的，并且以相同的速率伸长，在 C—Br 化学键完全断裂之前两个溴原子之间的化学键就已经形成，并且整个过程发生在同一个动力学步骤里。由此可知，离子 Br_2^+ 的消除过程机制属于同步协同消除机制。

长期以来，密度泛函 B3LYP 理论被认为是计算二溴代烷烃发生溴分子消除反应的有效方法，近些年来很多研究小组都采用了 B3LYP 理论成功有效的解释了他们的实验结果。为了保证计算的准确性，还可使用 MP2 方法，在 6—311G（d，p）基组下计算二价母体离子通过两体库仑爆炸过程解离生成 $C_2H_4^+$ 和 Br_2^+ 的反应路径。计算结果表明，使用 MP2/6—311G (d，p)方法所得到的计算结果与上述使用 B3LYP 方法所得到的计算结果一致。

表 6-1 二价母体离子生成碎片离子 $C_2H_4^+$ 和 Br_2^+ 反应路径上的分子结构变化

Φ(BrCCBr)二面角/(°)	C—Br 化学键键长/Å	Br—Br 间距离/Å
85	1.92	3.77
79	1.93	3.65
72	1.94	3.50
67	1.96	3.42
61	2.00	3.31
56	2.04	3.20
51	2.07	3.08
47	2.09	2.95
42	2.10	2.79
38	2.10	2.66
35	2.11	2.54

第五节　溴分子离子(Br_2^+)消除通道的相对产率

飞秒激光与多原子分子的相互作用会产生不同的碎片离子，每个碎片离子都可能通过不同的机制产生。在本章所涉及实验中，飞秒激光与1,2-二溴乙烷分子的相互作用会导致分子中的 C—Br、C—C 以及 C—H 化学键发生断裂，从而产生大量的碎片离子。飞秒激光与1,2-二溴乙烷分子的相互作用过程涉及两种机制：解离电离机制和库仑爆炸机制。碎片离子的切片成像图可以提供碎片离子分别通过解离电离和库仑爆炸机制产生的信息。一个1,2—二溴乙烷分子中含有两个溴原子，因此我们可以通过追踪产物碎片离子中溴原子的踪迹，来获得发生解离的1,2-二溴乙烷分子的数目。

根据物质守恒定律，在1,2-二溴乙烷分子的电离解离过程中，每个解离通道生成的碎片离子中必定含有两个溴原子。这两个溴原子可以以溴分子的形式同时存在于一个离子中，例如 $1,2\text{-}C_2H_4Br_2^+$、$1,2\text{-}C_2H_4Br_2^{2+}$、$Br_2^+$ 和 Br_2，也可以溴原子的身份存在于两个离子中，例如 Br^{2+}、Br^+、CH_2Br^+、$C_2H_4Br^+$、Br、CH_2Br 以及 C_2H_4Br。由于一价母体离子 $1,2\text{-}C_2H_4Br_2^+$ 和二价母体离子 $1,2\text{-}C_2H_4Br_2^{2+}$ 都未在质谱中观察到，因此 Br_2^+ 和 Br_2 信号以及 Br^{2+}、Br^+、CH_2Br^+、$C_2H_4Br^+$、Br、CH_2Br 和 C_2H_4Br 信号的 1/2 相加便可代表已发生解离的 $1,2\text{-}C_2H_4Br_2$ 分子的数目(乘一个常数，代表探测效率)。离子碎片 Br_2^+、Br^{2+}、Br^+、CH_2Br^+ 以及 $C_2H_4Br^+$ 信号的获得方法为对质谱上这些离子所对应的谱峰进行积分。中性碎片 Br_2、Br、CH_2Br 和 C_2H_4Br 的产率等于通过解离电离机制产生的相对应的另一半离子信号的产率。通过这种方法，Br_2^+ 消除通道的相对产率可以表示为，Br_2^+ 信号与已经发生解离的母体分子信号的比值，即 Br_2^+ 消除通道的相对产率 $\approx Br_2^+/[Br_2^+ + Br_2 + (Br^{2+} + Br^+ + CH_2Br^+ + C_2H_4Br^+ + Br + CH_2Br + C_2H_4Br)/2]$。

图 6-6 是激光场强度为 $5\times10^{13} \sim 1.5\times10^{14}W/cm^2$ 范围内，Br_2^+ 消除通道的相对产率随激光

场强度的变化曲线。当光场强度为 $6.5 \times 10^{13}\,\mathrm{W/cm^2}$ 时，Br_2^+ 消除通道的相对产率为 1.7%；当激光场强度为 $6.5 \times 10^{13} \sim 1.0 \times 10^{14}\,\mathrm{W/cm^2}$ 范围内时，Br_2^+ 消除通道的相对产率随着激光场强度的增强而增加；一旦激光场强度超过 $1.0 \times 10^{14}\,\mathrm{W/cm^2}$，$Br_2^+$ 消除通道的相对产率则接近于饱和，为 3.4%。这说明随着激光场强度的增长，越来越多的 1,2-二溴乙烷分子发生解离生成 Br_2^+，而当激光场的强度增长到一定程度时，只有固定比率的 1,2-二溴乙烷分子发生解离生成 Br_2^+。这种现象可以解释为：当激光场强度在 $6.5 \times 10^{13} \sim 1.0 \times 10^{14}\,\mathrm{W/cm^2}$ 范围内增长时，一些产物碎片的相对产率在增长，而另一些产物碎片的相对产率在减小；然而当激光场强度增长到一定程度时，所有产物碎片的相对产率都开始趋于饱和，这是因为激光焦斑范围内的母体分子都以固定的方式发生电离和解离（图 6-7）。

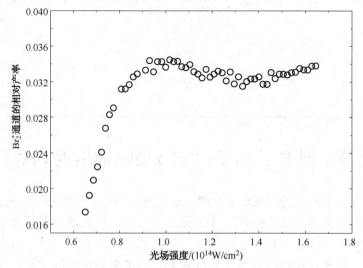

图 6-6　Br_2^+ 消除通道的相对产率随光场强度的变化曲线图

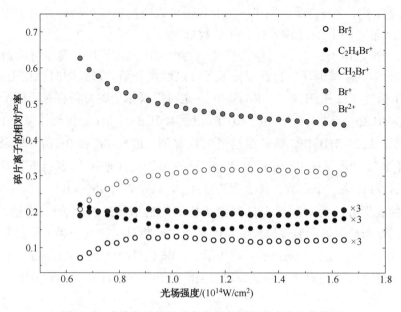

图 6-7　碎片离子的相对产率随光场强度变化的曲线图

第七章 飞秒强光场下环己烷分子 发生氢转移生成离子 CH_3^+、$C_2H_5^+$ 和 $C_3H_7^+$

第一节 研究背景

环己烷，别名六氢化苯，分子式为 C_6H_{12}，是一种无色、有汽油味的液体，容易挥发，不溶于水，溶于乙醚、乙醇、丙酮、苯等大多数有机溶剂，极易燃烧。环己烷通常被用作一般溶剂、色谱分析标准物质以及用于有机合成，可在树脂、涂料、脂肪、石蜡、油类中应用，还可以用来制备环己醇和环己酮等有机物。在能源方面，环烷烃是大多数燃料的重要组成部分，也是生物能转换的主要产物之一。因为在传统燃料中的重要作用，环己烷被认为是喷气燃料的代表。在工业方面，环己烷可以用来合成尼龙的主要原料己内酰胺和己二酸。此外，作为非极性溶剂，环己烷在清漆和涂料行业有着非常广泛的应用。在医药方面，环己烷分子的毒性小于苯分子的毒性，因此，环己烷可以作为苯的替代溶剂。

图 7-1 是使用 Gaussian 09 软件，在 B3LYP/6-31G(d, p) 理论等级下对优化所得的环己烷分子的稳定构型图。优化的构型显示，环己烷分子中 12 个 C—H 化学键的键长都为 1.10Å，5 个 C—C 化学键的键长都为 1.54Å，相邻每 3 个碳原子所组成的键角都为 $\Phi(C—C—C) = 111.5°$。

分子内的氢原子或质子从分子的一端迁移到另一端的过程，称为分子内氢转移过程。近十几年来，分子内氢转移过程引起了很多研究者关注。强激光场致分子内氢转移过程的时间往往非常短，通常在激光场的脉冲宽度内就可以完成，

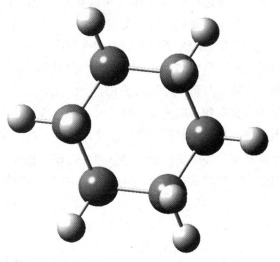

图 7-1 环己烷分子的稳定构型

此过程会导致分子结构的畸变和化学键的重组，因此为控制化学键断裂和形成过程提供了一种新方法。到目前为止，强激光场致碳氢化合物分子内氢转移过程已经在大量实验中得到了证实。例如，Xu 研究小组研究了丙二烯分子（C_3H_4）的光电离和光解离过程，他们观察到了碎片离子 CH_3^+ 和 CH_4^+，这说明氢原子或质子在丙二烯分子内的两个亚甲基基团之间发生了转移。Hoshina 研究小组研究了飞秒强激光场中多种碳氢化合物的质谱，他们发现，处在强场中的一些无甲基基团的碳氢化合物分子经过光电离和光理解过程后也会出射 H_3^+，这些实验结果说明处在强激光场中的碳氢化合物分子内的氢转移过程很容易发生。

过去几十年间，强激光场中环己烷分子的光解离现象被广泛研究。在激光场强度为 $10^{12} \sim 10^{13} W/cm^2$ 范围内，Castillejo 研究小组研究了中心波长分别为 800nm 和 400nm、脉冲宽度为 200fs 的条件下，环己烷分子 C_6H_{12} 和芳香烃分子的电离解离行为，他们发现环己烷分子的解离比芳香烃分子的解离更为剧烈。在质谱图上，他们观察到了 $CH_n^+ \sim C_5H_m^+$ 系列的碎片离子，而环己烷母体离子峰的产量很小。据此他们认为，此实验条件下环己烷分子的电离模式为共振多光子过程，解离模式为先电离后解离，并且给出了一价环己烷母体离子的解离通道。随后，此研究小组又变换了实验条件，在中心波长为 800nm、脉冲宽度为 50fs 的激光场条件下研究了 C_6H_{12} 分子，发现场致电离和库仑爆炸占优势。Mebel 研究小组使用量子化学的方法，计算了环己烷三价母体离子（$C_6H_{12}^{3+}$）在其基态势能面上发生库仑爆炸的通道，他们发现 $C_6H_{12}^{3+}$ 发生解离的最优先的通道是生成 $C_4H_8^{2+}+C_2H_4^+$、$C_5H_9^++CH_3^{2+}$ 以及 $C_3H_6^{2+}+C_3H_6^+$ 的通道。最近，Yamanouchi 研究小组使用飞行时间质谱技术的方法，研究了环己烷一价母体离子的解离过程，他们的实验结果进一步证明了 Nakashia 研究小组的结论：当中性分子电离成为一价母体离子后，如果一价母体离子在电离激光波长处有一个单光子吸收带，那么此分子的解离会很剧烈，母体离子的产量会很少。

处在强飞秒激光场中的环己烷分子会发生光电离和光解离，这两个过程往往伴随着氢原子或质子的超快运动，这种超快运动会导致环己烷内氢转移过程的发生。前人对于环己烷分子解离电离过程中出射 H_3^+ 离子进行了广泛研究，但是关于环己烷分子内氢转移过程的研究还相对较少。在本章所涉及实验中，使用直流切片离子成像技术研究了近红外（800nm）飞秒激光场中环己烷分子的光电离和光解离过程。由于环己烷分子中不含有甲基基团，因此碎片离子 CH_3^+、$C_2H_5^+$ 以及 $C_3H_7^+$ 的出现可以印证环己烷分子内的亚甲基基团之间发生了氢转移过程。实验中测得了碎片离子 CH_3^+、$C_2H_5^+$ 以及 $C_3H_7^+$ 的切片成像图，计算获得了这些碎片离子的动能分布和角度分布参数。通过对这些碎片离子的动能分布和角度分布数据进行分析，得出这些碎片离子的高动能分量来源于环己烷二价母体离子（$C_6H_{12}^{2+}$）的库仑爆炸过程，低动能分量来源于环己烷一价母体离子（$C_6H_{12}^+$）的多光子解离电离过程。此外，得出了碎片离子 CH_3^+、$C_2H_5^+$ 以及 $C_3H_7^+$ 的相对量子产率。随着激光场强度的升高，这 3 类碎片离子的相对量子产率分别趋于 4.1%、2.6% 和 0.7%；碎片离子 CH_3^+、$C_2H_5^+$ 以及 $C_3H_7^+$ 能达到的最大相对量子产率分别为 4.5%、4.0% 和 3.0%。

第二节　质谱结果分析

本章所涉及实验中使用激光的中心波长为 800nm，脉冲持续时间为 80fs。环己烷 C_6H_{12} 分子与此强飞秒激光相互作用发生电离解离，采集了光场强度在 $2.7 \times 10^{13} \sim 1.4 \times 10^{14} W/cm^2$ 范围内的环己烷分子的电离解离质谱图。采集数据的过程中，要始终保持激光的偏振方向垂直于飞行时间 TOF 轴。图 7-2 为环己烷分子在 3 个不同的激光场强度（分别为 $4.1 \times 10^{13} W/cm^2$、$5.7 \times 10^{13} W/cm^2$ 以及 $1.4 \times 10^{14} W/cm^2$）下的电离解离质谱图。

图 7-2 质谱中，质荷比 $m/q=18$ 的离子是腔内残余的水分子电离所产生的 H_2O^+。观察环己烷分子在上述 3 个激光场强度下的质谱图，可以总结出环己烷分子在强飞秒激光场中电

离解离的特点。

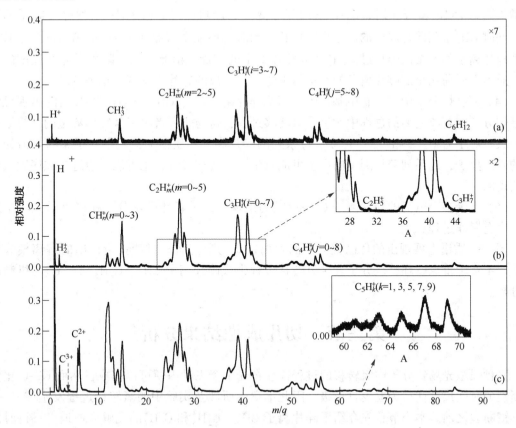

图7-2　环己烷分子的飞行时间质谱图

(a)光场强度$=4.1\times10^{13}$W/cm^2；(b)光场强度$=5.7\times10^{13}$W/cm^2，插图部分为放大的C$_2$H$_5^+$和C$_3$H$_7^+$；

(c)光场强度$=1.4\times10^{14}$W/cm^2，没有给出全部H$^+$离子信号，放大的质谱为C$_5$H$_k^+$($k=1$，3，5，7，9)系列离子

（1）环己烷分子发生初级解离主要是通过C—C化学键、C—H化学键的断裂来实现的，质谱上初级解离通道产生的碎片离子主要为H$^+$、H$_2^+$、H$_3^+$、C^{2+}、C^{3+}、CH$_n^+$($n=0\sim3$)、C$_2$H$_m^+$（$m=0\sim5$）、C$_3$H$_i^+$($i=0\sim7$)、C$_4$H$_j^+$($j=0\sim8$)以及C$_5$H$_k^+$($k=1$，3，5，7，9)等，这说明环己烷母体分子离子不稳定，极容易发生解离。此结果与Castillejo研究小组所得到的结果相一致。

（2）在3个激光场强度下，环己烷一价母体分子离子C$_6$H$_{12}^+$的产量都很少，造成这种现象的原因可能有两种：①中性母体分子吸收多个光子，发生化学键的断裂产生中性碎片，中性碎片继续吸收光子发生电离，产生碎片离子，这种机制叫做解离—电离机制；②中性母体分子吸收多个光子，发生电离产生母体分子离子，母体分子离子由于自身的不稳定性或者继续吸收光子发生解离，产生碎片离子，这种机制叫做电离—解离机制。因为本章所涉及实验中使用的激光的脉冲宽度为80fs，而化学键断裂的时间尺度为几个百个飞秒至皮秒量级，因此，中性母体分子在发生化学键的断裂前就已经被电离。据此分析可以得出，实验中环己烷分子与此飞秒激光场的相互作用机制属于电离—解离机制。

（3）当激光场强度为 $4.1×10^{13}$ W/cm^2 时，$C_3H_i^+$ 系列碎片离子的产量最高；当激光场强度增长到 $5.7×10^{13}$ W/cm^2 时，$C_2H_m^+$ 系列碎片离子的产量已经超过 $C_3H_i^+$ 系列碎片离子的产量，同时 CH_n^+ 系列碎片离子的产量也在增长；当激光场强度增加到 $1.4×10^{14}$ W/cm^2 时，CH_n^+ 系列碎片离子的产量已经超过 $C_2H_m^+$ 系列碎片离子的产量。由此可知，随着激光场强度的增长，质谱上质荷比小的碎片离子的产量越来越大，解离的碎片化程度也越来越高。

（4）环己烷分子中不含有甲基基团，因此碎片离子 H_3^+、CH_3^+、$C_2H_5^+$ 和 $C_3H_7^+$ 的出现说明环己烷分子在解离电离的过程中发生了氢转移过程，这与研究者关于氢转移势垒的计算结果相一致。对于 $C_5H_k^+$（$k=1$，3，5，7，9）系列的碎片离子，质谱上只观察到了 k 的数值为奇数的碎片离子，此系列碎片离子的产生可能发生了氢转移过程，也可能是通过非顺序脱氢过程实现的。

（5）携带多个电荷的碎片离子 C^{2+} 和 C^{3+} 的出现，预示着环己烷分子在飞秒激光场中发生了库仑爆炸过程。

图 7-2 质谱上展现出的环己烷分子的解离模式与研究者通过测量所得出的解离模式相一致。本章中重点就环己烷分子发生氢转移过程生成碎片离子 CH_3^+、$C_2H_5^+$ 和 $C_3H_7^+$ 的机制展开分析。

第三节　切片成像结果分析

飞秒强激光场致分子内氢转移的过程往往在几十个飞秒内便可以完成，然而 C—C 化学键断裂的时间尺度往往为亚皮秒量级，因此本章中所涉及实验中的氢转移过程发生在 C—C 化学键断裂之前。本小节首先介绍了碎片离子 CH_3^+、$C_2H_5^+$ 和 $C_3H_7^+$ 的光解离通道。飞行时间质谱技术仅能探测到分子电离解离的一维信息，从而更好地分析产物离子的来源，判断其产生机制。其次，使用三维直流切片离子成像技术对碎片离子 CH_3^+、$C_2H_5^+$ 和 $C_3H_7^+$ 以及其相关碎片离子 $C_5H_9^+$、$C_4H_7^+$ 和 $C_3H_5^+$ 进行了切面成像。

通过采集激光场强度为 $2.7×10^{13}$ ~ $1.4×10^{14}$ W/cm^2 范围内碎片离子 CH_3^+、$C_2H_5^+$ 和 $C_3H_7^+$ 及其相关碎片离子 $C_5H_9^+$、$C_4H_7^+$ 和 $C_3H_5^+$ 的切片成像图，并对不同激光场强度下这些碎片离子的图像进行比较可以发现，随着激光场强度的变化，这些碎片离子图像的大小、形状均不发生改变，仅是离子图像的强度有所增强，因此，只需要给出一个激光场强度下的这些碎片离子的切片成像图即可。图 7-3 是碎片离子 CH_3^+、$C_2H_5^+$、$C_3H_7^+$ 及其相关碎片离子 $C_5H_9^+$、$C_4H_7^+$、$C_3H_5^+$ 在激光场强度为 $1.1×10^{14}$ W/cm^2 条件下的切片成像图和速度分布图。图中，每个碎片离子的速度分布都使用高斯函数进行了拟合，获得了其峰值速度值和峰值动能值，峰值速度值和峰值动能值已在图 7-3 中标出。碎片离子 CH_3^+、$C_2H_5^+$、$C_3H_7^+$ 及其相关碎片离子 $C_5H_9^+$、$C_4H_7^+$、$C_3H_5^+$ 的动能都是由两部分组成的，即动能比较低的内环以及动能比较高的外环：低动能分量包括 CH_3^+（0.55 eV）、$C_5H_9^+$（0.03 eV）、$C_2H_5^+$（0.11 eV）、$C_4H_7^+$（0.05 eV）、$C_3H_7^+$（0.06 eV）及 $C_3H_5^+$（0.07 eV）；高动能分量包括 CH_3^+（1.41 eV）、$C_5H_9^+$（0.31 eV）、$C_2H_5^+$（1.35 eV）、$C_4H_7^+$（0.70 eV）、$C_3H_7^+$（1.04 eV）及 $C_3H_5^+$（1.10 eV）。为了更好地理解环己烷分子的光解过程，可对产生碎片离子的光解通道进行归属。通常情况下，碎片离子的高动能分量来自于二价母体离子的库仑爆炸过程，低动能分量来自于一价母体离子的多光子解离过程。

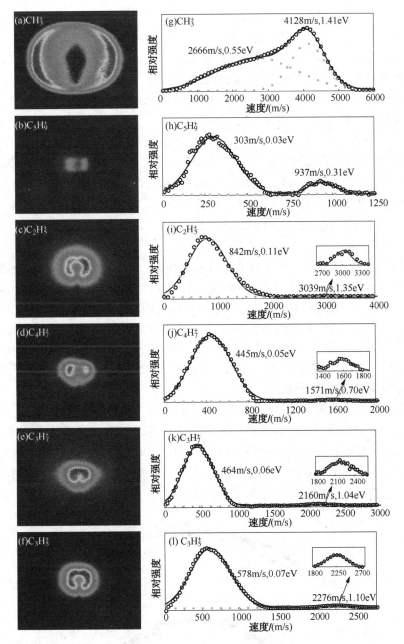

图7-3　C_6H_{12}分子发生电离解离所产生碎片离子的切片图及其相对应的速度分布图

（光场强度＝$1.1×10^{14}$ W/cm²）

"○"—实验所得数据；"——"—高斯函数拟合所得结果

1. 环己烷分子的库仑爆炸

处于飞秒强激光场中的气体分子会发生多电离，产生高价母体离子，由于高价母体离子内部强大的库仑推斥力，高价母体离子会发生化学键的断裂产生碎片离子。分子通过两体库仑爆炸过程产生的两个碎片离子遵从动量守恒定律，即这两个碎片离子的动能跟其质量之间满足以下关系式：

$$\frac{KER(X^{p+})}{KER(Y^{q+})} = \frac{M(Y^{q+})}{M(X^{p+})} \qquad (7-1)$$

式中，X 和 Y 为分子发生两体库仑爆炸所产生的碎片离子，p 和 q 为碎片离子 X 和 Y 所携带的电荷量，M 表示碎片离子的质量数，KER 表示碎片离子的动能。根据式（7-1），可以判定碎片离子 CH_3^+（$m/q=15$，$KER=1.41$ eV）和 $C_5H_9^+$（$m/q=69$，$KER=0.31$ eV）为环己烷二价母体离子发生两体库仑爆炸所产生的通道：

$$C_6H_{12} \longrightarrow CH_3^+ + C_5H_9^+ + 2e^- \qquad (1.72eV)$$

同理，可以判定碎片离子 $C_2H_5^+$（$m/q=29$，$KER=1.35$ eV）和 $C_4H_7^+$（$m/q=55$，$KER=0.70$ eV）以及碎片离子 $C_3H_7^+$（$m/q=43$，$KER=1.04$ eV）和 $C_3H_5^+$（$m/q=41$，$KER=1.10$ eV）为环己烷二价母体离子发生两体库仑爆炸所产生的通道：

$$C_6H_{12} \longrightarrow C_2H_5^+ + C_4H_7^+ + 2e^- \qquad (2.05 eV)$$
$$C_6H_{12} \longrightarrow C_3H_7^+ + C_3H_5^+ + 2e^- \qquad (2.14 eV)$$

3 个通道均为二价母体离子发生库仑爆炸所产生的，然而他们的总的通道能量值却有些许差别，分别为 1.72 eV、2.05 eV、2.14 eV，这表明产生产生这 3 个通道的前驱离子不在同一个态上，即这 3 个通道来源于环己烷二价母体离子不同态的库仑爆炸。

3 个通道中任一通道所涉及的两个碎片离子的质量比的数值均与其动能反比数值相近，相对误差值 $\Delta \leq 5\%$。一般情况下，考虑到数据处理的各个过程中所引入的误差，小于 5% 的相对误差就可以认为结果是可靠的。因此，认定碎片离子的高动能分量来源于环己烷分子的两体库仑爆炸通道的结论是可靠的。

除动能分布外，在光解通道的归属问题中，碎片离子的角度分布信息也至关重要，它可以展现出两体库仑爆炸瞬间两个碎片离子的空间分布情况。图 7-4 为碎片离子 CH_3^+ 和 $C_5H_9^+$〔图 7-4（a）〕、$C_2H_5^+$ 和 $C_4H_7^+$〔图 7-4（b）〕以及 $C_3H_7^+$ 和 $C_3H_5^+$〔图 7-4（c）〕在激光场强度为 1.1×10^{14} W/cm^2 下高动能分量的角分布。可以看出，来源于同一两体库仑爆炸通道的碎片离子展现出相似的角分布，从而一步说明了它们来源于同一库仑爆炸通道。

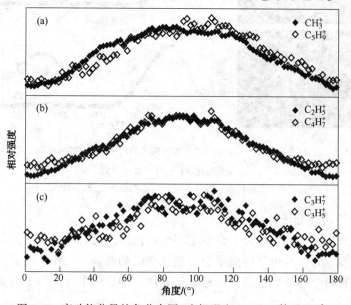

图 7-4　高动能分量的角分布图（光场强度 $=1.1\times10^{14}$ W/cm^2）

2. 环己烷分子的多光子解离

处在飞秒强激光场中，气体分子可以电离为一价母体离子，一价母体离子由于自身的不稳定性或再继续吸收光子，解离成为一个离子、一个中性碎片和一个电子，这个过程称为解离电离。在解离电离过程中，碎片离子的动能通常都比较低。因此，可以判定碎片离子 CH$_3^+$（0.55 eV）和 C$_5$H$_9^+$（0.03 eV）来源于一价环己烷母体离子的解离电离过程：

$$C_6H_{12} \longrightarrow CH_3^+ + C_5H_9 + e^-,$$
$$C_6H_{12} \longrightarrow CH_3 + C_5H_9^+ + e^-。$$

同理，可以判定碎片离子 C$_2$H$_5^+$（0.11 eV）、C$_4$H$_7^+$（0.05 eV）、C$_3$H$_7^+$（0.06 eV）以及 C$_3$H$_5^+$（0.07 eV）也来源于一价环己烷母体离子的解离电离过程：

$$C_6H_{12} \longrightarrow C_2H_5^+ + C_4H_7 + e^-$$
$$C_6H_{12} \longrightarrow C_2H_5 + C_4H_7^+ + e^-$$
$$C_6H_{12} \longrightarrow C_3H_7^+ + C_3H_5 + e^-$$
$$C_6H_{12} \longrightarrow C_3H_7 + C_3H_5^+ + e^-$$

为确定上述各多光子解离通道发生所需要吸收的光子数，并进一步确认上述多光子解离通道归属的正确性，使用高斯软件在 MP2/6-311++G（d，p）理论等级下对上述各通道所包含的中性碎片和离子碎片的基态结构进行优化，从而得到其单点能，由下述两个公式便可以分别算出这些通道的出现势 AE 和可资用能 ΔE：

$$AE = \sum_i E_i - \sum_j E_j \tag{7-2}$$
$$\Delta E = nh\nu - AE \tag{7-3}$$

式（7-2）中，$\sum_i E_i$ 为产物碎片的单点能加和，$\sum_j E_j$ 为反应物碎片的单点能加和。计算出现势 AE 与单光子能量 $h\nu$ 的比值，然后取大于该比值的最小整数，便可得到这些多光子解离通道发生所需要吸收的最少光子数 n。

表 7-1　使用 Guassian 09 软件计算所得的多光子解离通道的出现
势（AE）、所需最少光子数（n）、可资用能（ΔE）及实验所得离子的相应 KER

通道	AE/eV	n	ΔE/eV	KER/eV
$C_6H_{12} \to CH_3^+ + C_5H_9 + e^-$	14.35	10	0.75~1.55	0.16~1.32
$C_6H_{12} \to CH_3 + C_5H_9^+ + e^-$	10.75	7	0~0.38	0.01~0.07
$C_6H_{12} \to C_2H_5^+ + C_4H_7 + e^-$	13.72	9	0~0.59	0.03~0.24
$C_6H_{12} \to C_2H_5 + C_4H_7^+ + e^-$	11.96	8	0.12~0.76	0.01~0.12
$C_6H_{12} \to C_3H_7^+ + C_3H_5 + e^-$	12.21	8	0~0.51	0.01~0.14
$C_6H_{12} \to C_3H_7 + C_3H_5^+ + e^-$	12.08	8	0~0.64	0.02~0.19

各多光子解离通道的出现势（AE）、最少吸收光子数（n）以及可资用能（ΔE）如表 7-1 所示。由表可知，上述通道的 KER 值均在计算所得的通道的可资用能 ΔE 范围内，从而进一步证实这些碎片离子来源于多光子解离通道。环己烷分子的电离势为 9.86 eV，即中性环己烷母体分子电离成为一价环己烷母体离子至少需要吸收 7 个光子。由表 7-1 可知，碎片离子 C$_5$H$_9^+$、C$_4$H$_7^+$、C$_3$H$_7^+$和 C$_3$H$_5^+$都产生于一价环己烷母体离子吸收 1 个光子的解离过程，而

碎片离子 $C_2H_5^+$ 和 CH_3^+ 产生于一价环己烷母体离子吸收 2 个光子的解离过程。这便解释了低激光场强度条件下质荷比大的碎片离子占优势，而随着激光场强度的增大，质荷比小的碎片离子越来越占优势的现象。此结果与 Nakashima 研究小组所得到的研究结果一致：当中性分子电离成为一价母体离子后，若一价母体离子在电离激光波长处有一单光子吸收带，则此分子碎片化程度很高，母体离子的产量很少。

第四节　环己烷分子内氢转移机制

在中心波长为 800nm，脉宽为 80fs，激光场强度为 $1\times10^{13} \sim 1\times10^{14}\,W/cm^2$ 时的激光场条件下，环己烷分子产生碎片离子 $C_3H_7^+$、$C_2H_5^+$ 以及 CH_3^+ 有两种途径，分别为环己烷二价母体离子的库伦爆炸过程和环己烷一价母体离子的解离电离过程。在中性环己烷分子 C_6H_{12} 稳定结构的基础上，使用 Gaussian 09 软件，在 B3LYP/ 6-31G（d，p）理论等级下优化了环己烷二价母体离子 $C_6H_{12}^{2+}$ 和环己烷一价母体离子 $C_6H_{12}^+$ 的稳定结构（图 7-5）。由图 7-5 可知，$C_6H_{12}^{2+}$ 的平衡结构为链状结构，即 6 个碳原子相互连接形成长链，其稳定结构可以表示为反式—顺式—反式的结构，即为 Trans-Cis-Trans（3，1，2，2，1，3），括号内数字为由上至下每个碳原子上所连接的氢原子个数。由图 7-5 可知，环己烷中性分子的稳定结构为 6 个碳原子组成的环状结构，环己烷二价母体离子 $C_6H_{12}^{2+}$ 的稳定结构与环己烷中性分子 C_6H_{12} 的结构相差甚远，这种显著的结构变化在前人对环己烷三价母体离子 $C_6H_{12}^{3+}$ 的稳定构型研究中也得到了证实。观察 C_6H_{12} 和 $C_6H_{12}^{2+}$ 的稳定构型可知，氢转移过程甚至会发生在环己烷分子的电离过程中。然而，与 C_6H_{12} 的稳定结构相似，$C_6H_{12}^+$ 的稳定结构仍然保持六元环状结构，每个碳原子上依然连接两个氢原子。在质谱图中，可观察到碎片离子 CH_3^+、$C_2H_5^+$、$C_3H_7^+$，这说明在母体离子 $C_6H_{12}^{2+}$ 和 $C_6H_{12}^+$ 的光解离过程中发生了氢转移过程。

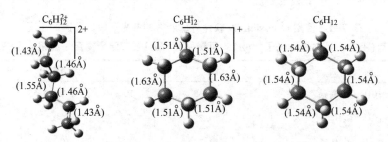

图 7-5　环己烷二价母体离子 $C_6H_{12}^{2+}$、一价母体离子 $C_6H_{12}^+$ 以及中性分子 C_6H_{12} 的稳定结构

第五节　发生氢转移过程离子 CH_3^+、$C_2H_5^+$、$C_3H_7^+$ 的相对产率

飞秒激光与多原子分子的相互作用会产生不同的碎片离子，每个碎片离子都可以通过不同的机制产生。飞秒激光与环己烷分子的相互作用会导致环己烷分子中的 C—C 化学键及 C—H 化学键发生断裂，产生大量的碎片离子。碎片离子的相对量子产率是一个很重要的参

量，可以反映碎片离子产生的难易程度的信息。碎片离子 CH$_3^+$、C$_2$H$_5^+$、C$_3$H$_7^+$ 的相对量子产率的计算方法为求取这 3 个碎片离子各自相对应的信号与总电离信号的比值。图 7-6 为碎片离子 CH$_3^+$、C$_2$H$_5^+$、C$_3$H$_7^+$ 的相对量子产率随激光场强度的变化图。可以看出，随着激光场强度的变化，碎片离子 CH$_3^+$、C$_2$H$_5^+$、C$_3$H$_7^+$ 的相对量子产率的呈现出先上升后下降的趋势，相对量子产率分别在激光场强度为 1.0×10^{14} W/cm^2、3.6×10^{13} W/cm^2 和 3.3×10^{13} W/cm^2 时达到最大值，该最大值分别为 4.5%、4.0% 和 3.0%。在相对较高的激光场强度下，碎片离子 C$_2$H$_5^+$ 和 C$_3$H$_7^+$ 的相对量子产率呈下降趋势，这种现象可以理解为高激光场强度下这两个碎片离子的次解离，较高激光场强度下 H$^+$、H$_2^+$、C^{2+}、C^{3+} 等碎片离子的出现便是一个有力证据。

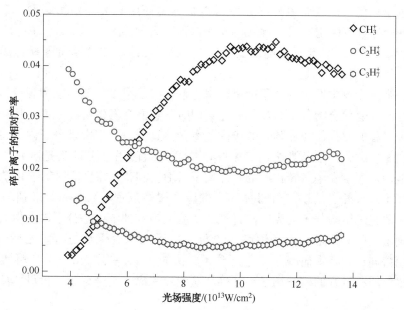

图 7-6　碎片离子 CH$_3^+$、C$_2$H$_5^+$、C$_3$H$_7^+$ 随着光场强度变化的相对产率变化

第八章 飞秒强光场下环己烷分子发生氢转移生成离子 $C_2H_4^+$ 和 $C_4H_8^+$

第一节 研究背景

环己烷分子的稳定构型如图 8-1 所示，此构型是使用 Gaussian 09 软件，在 B3LYP/6-31G(d，p) 理论等级下优化所得。优化的构型显示，环己烷分子中 12 个 C—H 化学键的键长都为 1.10 Å，5 个 C—C 化学键的键长都为 1.54 Å，相邻每 3 个碳原子所组成的键角都为 $\Phi(C—C—C) = 111.5°$。

近年来，强激光场中发生的分子内氢转移过程引起了很多实验学家和理论学家的关注和研究。当中性的碳氢化合物分子处在强激光场中时，它们会发生解离电离过程和库仑爆炸过程，而这两种过程的发生往往伴随着分子内的氢转移过程，研究发现分子内氢转移过程一般发生在分子内相应的化学键断裂之前。Weitzel 研究小组使用强飞秒激光研究了乙烷分子的解离电离，他们发现了发生氢转移后的碎片离子 $C_2H_3^+$ 和 H_3^+，并且使用量子化学计算确定了这两个碎片离子是来源于乙烷二价母体离子的库仑爆炸过程。Yamanouchi 研究小组使用协同成像技术，研究了甲醇分子的光解离过程，实验上观察到了甲醇分子内发生氢转移过程的碎片离子，确定这些离子是来源于甲醇二价母体离子的库仑爆炸过程。之后，Yamanouchi 研究小组使用协同成像技术研究了一系列分子，例如像 1，3-丁二烯、丙二烯等，他们同样观察到了发生氢转移过程的碎片离子，并确认这些碎片离子是来源于二价母体离子的库仑爆炸过程。

在所有的环烷烃里，环己烷具有最小的成键角和最小的扭转应变，主要用于己二酸和己内酰胺的工业化生产，而己二酸和己内酰胺为生产尼龙的必要材料。前人在研究环己烷分子时发现：环己烷在飞秒激光的作用下，可以通过解离电离过程和库仑爆炸过程发生光解离，生成一系列碎片离子 CH_n^+— $C_5H_m^+$；量子化学计算结果表明环己烷三价母体离子中的氢原子或者质子有很高的灵活性。最近，Yamanouchi 研究小组使用离子阱飞行时间质谱技术，研究了环己烷一价母体离子在激光场中的光解离过程，结果表明环己烷一价母体离子发生了多光子解离过程，并估计了环己烷一价母体离子发生此过程所需要吸收的光子数目。

每个环己烷分子都含有 6 个碳原子和 12 个氢原子，因此，环己烷分子在强激光场中的解离过程往往伴随着氢转移过程的发生。如第七章所述，处在强飞秒激光场中的环己烷分子，在光电离和光解离的过程中都可以发生氢转移。此外，在中心波长为 800 nm、脉冲宽度为 80 fs 的飞秒激光场中，环己烷二价母体离子 $C_6H_{12}^{2+}$ 发生库仑爆炸生成碎片离子 $C_2H_4^+$ 和 $C_4H_8^+$ 的过程中也发生了氢转移。利用三维直流切片离子成像技术，可获得碎片离子 $C_2H_4^+$ 和 $C_4H_8^+$ 的切片成像图，通过对切片成像图进行分析，可得到碎片离子 $C_2H_4^+$ 和 $C_4H_8^+$ 的速度分布图和角度分布图。通过分析碎片离子 $C_2H_4^+$ 和 $C_4H_8^+$ 的速度分布图和角度分布图，发现碎片离子 $C_2H_4^+$ 和 $C_4H_8^+$ 中速度快的部分来源于环己烷二价母体离子 $C_6H_{12}^{2+}$ 的库仑爆炸过程。最后，使用量子化学软件计算可得环己烷二价母体离子 $C_6H_{12}^{2+}$ 发生库仑爆炸生成碎片离子 $C_2H_4^+$ 和 $C_4H_8^+$ 的反应路径，从而确认氢转移过程发生在此解离通道中。

第二节　质谱结果分析

在激光场强度为 8.9×10^{13} W/cm² 的条件下，环己烷分子的质谱图如图 8-1 所示。数据采集过程中，始终保持飞秒激光的偏振方向垂直于飞行轴的方向。图 8-1 中，很多类型的碎片离子，如 $H_n^+(n=1\sim3)$，$C^{n+}(n=1\sim3)$，$CH_n^+(n=1\sim3)$，$C_2H_n^+(n=0\sim5)$，$C_3H_n^+(n=0\sim7)$，$C_4H_n^+$ $(n=0\sim8)$，以及 $C_5H_n^+(n=1,3,5,7,9)$ 等，这说明在与飞秒激光的相互作用过程中，环己烷分子发生了剧烈的解离。前人在研究环己烷的解离过程时发现，环己烷一价母体离子在 800 nm 处有个吸收带，这个吸收带的存在会导致环己烷分子在中心波长为 800 nm 的飞秒激光的作用下发生剧烈解离。下一节将就环己烷分子发生氢转移过程生成碎片离子 $C_2H_4^+$ 和 $C_4H_8^+$ 的过程展开分析。

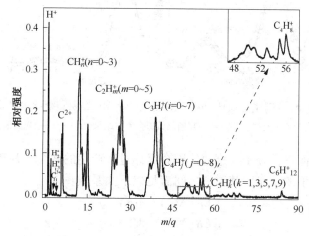

图 8-1　环己烷分子的电离解离质谱图
（中心波长为 800 nm，脉宽为 80 fs，激光场强度为 8.9×10^{13} W/cm²）

第三节　切片成像结果分析

在多原子分子的光解离过程中，相同质荷比的碎片离子有可能来源于不同的光解离通道，使用切片成像技术有助于区分这些不同的光解离通道。图 8-1 质谱中，可以清楚地观察到碎片离子 $C_2H_4^+$ 和 $C_4H_8^+$，通过三维切片离子成像技术，采集了碎片离子 $C_2H_4^+$ 和 $C_4H_8^+$ 在激光场强度为 8.9×10^{13} W/cm² 条件下的切片成像图，经过分析得到了这两个碎片离子的角度分布图（图 8-2）。图中所有的速度分布都用高斯函数做出了拟合，同时峰值动能值（KER）已被标示。由图 8-2 可知，碎片离子 $C_2H_4^+$ 和 $C_4H_8^+$ 都有两个动能分量，即动能比较低的内环以及动能比较高的外环：低动能分量为 $C_2H_4^+$(0.16 eV)、$C_4H_8^+$(0.05 eV)；高动能分量为 $C_2H_4^+$(1.70 eV)、$C_4H_8^+$(0.86 eV)。

对于低动能分量而言，通道的动能在量子化学计算所得的通道的可资用能范围内，从而

验证了碎片离子 $C_2H_4^+$($m/q = 28$，$KER = 0.16$ eV)和 $C_4H_8^+$($m/q = 56$，$KER = 0.05$ eV)的低动能分量来自于环己烷一价母体离子的多光子解离过程所产生的通道：

$$C_6H_{12} \longrightarrow C_2H_4^+ + C_4H_8 + e^-$$

$$C_6H_{12} \longrightarrow C_2H_4 + C_4H_8^+ + e^-$$

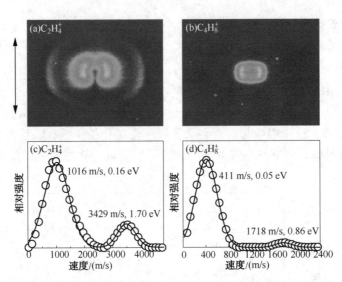

图 8-2　碎片离子 $C_2H_4^+$、$C_4H_8^+$ 相对应的速度分布图(光场强度 $= 8.9 \times 10^{13}$ W/cm^2)

"○"—实验所得数据；"——"—高斯函数拟合所得结果；"↔"—激光的偏振方向

对于高动能分量而言，分子通过两体库仑爆炸过程产生的两个碎片离子遵从动量守恒定律，即这两个碎片离子的动能跟其质量之间满足以下关系式：

$$\frac{KER(X^{p+})}{KER(Y^{q+})} = \frac{M(Y^{q+})}{M(X^{p+})} \tag{8-1}$$

式中，X 和 Y 为母体分子发生两体库仑爆炸所产生的碎片离子；p 和 q 为碎片离子 X 和 Y 所携带的电荷量；M 为碎片离子的质量数；KER 为碎片离子的动能。

根据环己烷一价母体离子多光子解离过程所产生的通道，可以判定碎片离子 $C_2H_4^+$($m/q = 28$，$KER = 1.70$ eV)和 $C_4H_8^+$($m/q = 56$，$KER = 0.86$ eV)的高动能分量是来自于环己烷二价母体离子的库仑爆炸过程所产生的通道：

$$C_6H_{12} \longrightarrow C_2H_4^+ + C_4H_8 + 2e^- \ (2.56 \text{ eV})$$

除了动能分布以外，在光解通道的归属问题中，角度分布信息也至关重要，它可以展现两体库仑爆炸瞬间两个碎片离子的空间分布。由图 8-3 可知，来源于同一两体库仑爆炸通道的碎片离子展现出相似的角分布，从而进一步验证了它们是来源于同一库仑爆炸通道。

通过量子化学计算，得出环己烷一价母体离子多光子解离过程所产生的通道的动能在计算所得的通道的可资用能范围内，这验证了对于碎片离子 $C_2H_4^+$ 和 $C_4H_8^+$ 的低动能分量的通道归属；环烷二价母体离子的库仑爆炸过程所产生的通过满足动量守恒定律，且碎片离子 $C_2H_4^+$ 和 $C_4H_8^+$ 的高动能分量的角度分布呈现出相似的结构，这验证了对于碎片离子 $C_2H_4^+$ 和 $C_4H_8^+$ 高动能分量的通道归属。

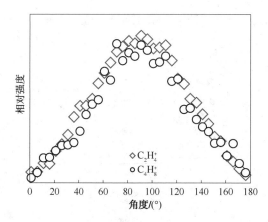

图 8-3 碎片离子 $C_2H_4^+$、$C_4H_8^+$ 角度分布图(光场强度 = $8.9×10^{13}$ W/cm^2)

第四节 从头算法对 $C_6H_{12}^{2+} \longrightarrow C_2H_4^+ + C_4H_8^+$ 反应路径的模拟

基于两点判断: ① 碳氢化合物的高价碎片离子中, 氢原子或者质子有很强的活动性; ② 环己烷中性分子失去两个电子发生电离, 成为环己烷二价母体离子的过程中会发生氢转移, 可以推测环己烷二价母体离子 $C_6H_{12}^{2+}$ 在生成碎片离子 $C_2H_4^+$ 和 $C_4H_8^+$ 的过程中会发生氢转移。下文中以环己烷二价母体离子的平衡结构为起点, 使用量子化学计算方法, 计算环己烷二价母体离子在飞秒强激光场中通过库仑爆炸过程生成碎片离子 $C_2H_4^+$ 和 $C_4H_8^+$ 的反应路径。

首先, 使用 Gaussian 09 软件在 B3LYP/ 6-31G(d, p)理论等级下, 优化了位于环己烷二价母体离子单重基态势能面上的反应物、过渡态以及产物离子的构型。其次, 在同等理论条件下, 计算了各结构的频率, 可以通过频率的计算来判断某个构型是否为反应物、过渡态以及产物离子, 判断方式为: 当虚频的个数为 0(NMAG = 0)时, 则说明此构型为稳定结构, 处于势能面的局域最小点; 当虚频的个数等于 1(NMAG = 1)时, 则说明此构型为过渡态。反应物、过渡态以及产物离子的单点能[包含 B3LYP/ 6-31G(d, p)理论等级下的零点能矫正]也在 B3LYP/ 6-31G(d, p)理论等级下进行了计算。最后, 使用内反应坐标计算(Intrinsic Reaction Coordinate, IRC)对此过渡态是否是连接反应物和产物的过渡态进行了进一步确认。

由第七章分析可知, 环己烷二价母体离子 $C_6H_{12}^{2+}$ 的稳定结构与中性环己烷分子 C_6H_{12} 的稳定结构有很大不同: ① 中性环己烷分子的稳定结构为 6 个碳原子连成的环结构, 而环己烷二价母体离子的稳定结构为 6 个碳原子连成的链状结构; ② 中性环己烷分子的每个碳原子上均连接有两个氢原子, 而环己烷二价母体离子发生了氢转移过程。环己烷二价母体离子的稳定结构如图 8-4 的结构 1 所示, 这种链状结构可以根据每个碳原子上所连接的氢原子的个数来定义, 可表示为 Trans-Cis-Trans(3, 1, 2, 2, 1, 3), 这种表示方法中, 括号内数字为从上至下的每个碳原子上所连接的氢原子的个数, 连接 6 个碳原子的化学键可以从上至下依次被命名为第 1 个至第 5 个化学键。采用同样的命名方法, 碎片离子 $C_2H_4^+$ 和 $C_4H_8^+$ 的稳定结构可以表示为(2, 2)和(3, 1, 1, 3)。由此可知, 环己烷二价母体离子结构 Trans-Cis-Trans(3, 1, 2, 2, 1, 3)中无"$C_2H_4^+$"和"$C_4H_8^+$"基团, 因此, 可以推断在环己烷二价母体离子在发生化学键的断裂生成碎片离子 $C_2H_4^+$ 和 $C_4H_8^+$ 之前发生了氢转移。

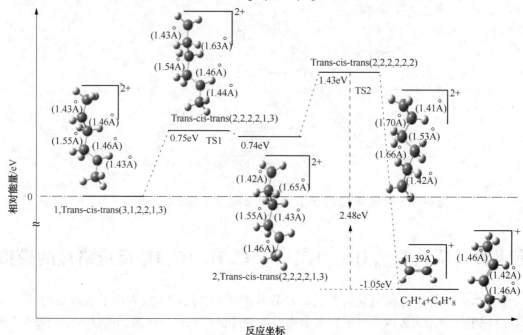

图 8-4　环己烷二价母体离子 $C_6H_{12}^{2+}$ 解离生成碎片离子 $C_2H_4^+$ 和 $C_4H_8^+$ 的反应路径简图

图 8-4 为理论计算所得的环己烷二价母体离子 $C_6H_{12}^{2+}$ 发生库仑爆炸生成碎片离子 $C_2H_4^+$ 和 $C_4H_8^+$ 的反应路径。整个解离过程开始于结构 1 中 C—C 化学键的旋转和 1，2-氢转移过程的发生。结构 1 跨越一个能垒高度为 0.75 eV 的过渡态（TS1），可以得到同分异构体 2，可以表示为 Trans-Cis-Trans（2，2，2，2，1，3）。相比于结构 1，在结构 2 中，第一个 C—C 化学键的键长从 1.43 Å 缩短为 1.42 Å，第二个 C—C 化学键的键长从 1.46 Å 伸长为 1.65 Å。过渡态 TS1 可以表示为 Trans-Cis-Trans（2，2，2，2，1，3），在此结构中，第三个和第五个 C—C 化学键的键长分别从 1.44 Å 伸长为 1.54 Å，第二个 C—C 化学键的键长从 1.46 Å 伸长为 1.65 Å。此后，结构 2 发生 6，5-氢转移，并跨越过一个能垒高度为 0.69 eV 的过渡态（TS2），通过库仑爆炸过程发生解离生成碎片离子 $C_2H_4^+$ 和 $C_4H_8^+$。可以看出，跨越过 TS2 后，4，3-氢转移和 5，6-氢转移过程会自动发生，这种自发的氢转移现象在环己烷三价母体离子 $C_6H_{12}^{3+}$ 发生库仑爆炸生成碎片离子 $C_6H_{10}^+$+H_2 通道的反应路径中也有发生。IRC 计算结果显示，TS1 和 TS2 这两个过渡态是连接环己烷二价母体离子 $C_6H_{12}^{2+}$ 和碎片离子 C_2 H_4^+、$C_4H_8^+$ 的过渡态（图 8-5、图 8-6）。图 8-4 中，两次发生氢转移所需跨越过的能垒高度分别为 0.75 eV 和 0.69 eV，这比中性环己烷分子发生氢转移过程所需要跨过的能垒高度（2 – 3 eV）低很多。

图 8-2 中，碎片离子 $C_2H_4^+$ 的动能范围为 1.30~2.01 eV，碎片离子 $C_4H_8^+$ 的动能范围为 0.63~0.98 eV。将这两个碎片离子的动能相加，可以得到这两个碎片离子的动能之和的范围为 1.93~2.99 eV。图 8-4 中 TS2 与产物碎片离子之间的能量差为 2.48 eV，次能量在两个碎片离子动能之和的范围之内，这说明理论计算所得的结果与实验结果是相符合的。因此，进一步确定了碎片离子 $C_2H_4^+$ 和 $C_4H_8^+$ 的高动能分量来源于二价环己烷母体离子的库仑爆炸过

程。除上述所计算的通道外，环己烷二价母体离子还可通过其他通道解离生成碎片离子 $C_2H_4^+$ 和 $C_4H_8^+$，或者是处于激发态的环己烷二价母体离子直接在库仑斥力的作用下生成碎片离子 $C_2H_4^+$ 和 $C_4H_8^+$。

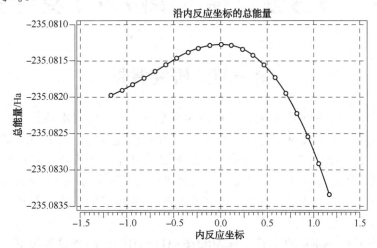

图 8-5 环己烷二价母体离子 $C_6H_{12}^{2+}$ 解离生成碎片离子 $C_2H_4^+$ 和 $C_4H_8^+$ 的反应路径中 TS1 的 IRC 计算

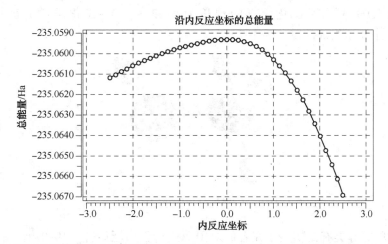

图 8-6 环己烷二价母体离子 $C_6H_{12}^{2+}$ 解离生成碎片离子 $C_2H_4^+$ 和 $C_4H_8^+$ 的反应路径中 TS2 的 IRC 计算

密度泛函 B3LYP 理论一直被研究者们认为是计算二溴代烷烃发生溴分子消除反应的有效方法，近年来，很多研究小组都采用了密度泛函 B3LYP 理论成功地解释了他们的实验结果。同时，为了进一步确保计算的准确性，还可使用 MP2 方法，在 6-311G（d，p）基组下，计算环己烷二价母体离子 $C_6H_{12}^{2+}$ 解离生成碎片离子 $C_2H_4^+$ 和 $C_4H_8^+$ 的反应路径。计算结果显示，使用 MP2/ 6-311G（d，p）理论方法所得到的计算结果与使用密度泛函 B3LYP 方法所得到的计算结果一致。

第九章　飞秒强光场下甲醇分子发生氢转移

第一节　研究背景

甲醇由 C、H、O 3 种元素组成，又被称为羟基甲烷、木醇与木精，是一种无色透明液体，有刺激性气味，分子式为 CH_3OH。甲醇是一种有机化合物，是结构最简单的饱和一元醇类。之所以称为"木醇"和"木精"是由于甲醇曾经是从木材干馏或裂解的产物木醋液萃取而获得的。现代甲醇是直接从二氧化碳、一氧化碳和氢气催化的一个工业过程中制备的。甲醇相对分子质量为 32，为无色、易燃、有乙醇气味、易挥发的气体。不同于乙醇的是，甲醇对人体有剧毒，不能饮用。

图 9-1 是使用 Gaussian 09 软件，在 MP2/6-311++G(d，p) 理论等级下，优化所得的甲醇分子的稳定构型图。优化的构型显示，甲醇分子中 3 个 C—H 化学键的键长分别为 1.10 Å、1.10 Å 和 1.09 Å，C—O 化学键的键长为 1.42 Å，O—H 化学键的键长为 1.10 Å，C—O—H 这 3 个原子组成的键角为 107°。

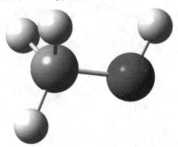

图 9-1　甲醇分子的稳定构型图

作为最简单的醇类有机物，研究者们对甲醇进行了广泛研究。1999 年，S. Harich 研究小组使用飞行时间质谱技术研究了甲醇分子在中心波长为 157 nm 的激光下的光解动力学过程，研究发现甲醇分子存在 3 种脱氢解离机制以及 2 种氢分子消去的解离机制，并得出了这两种不同的解离机制的通道分支比为 1：0.21。吴研究小组在激光场强度为 $6×10^{13} \sim 3×10^{15}$ W/cm^2 的飞秒激光场中，对甲醇分子进行了研究，他们观察到了携带高价电荷的碎片离子 C^{n+} 和 O^{n+}，计算了各个碎片离子的平动能，认为动能比较高的碎片离子产生于甲醇分子的库仑爆炸过程，并判断出所发生的库仑爆炸过程为协同库仑爆炸过程。任研究小组在中心波长为 810 nm、脉冲宽度为 110 fs、激光场强度为 $7×10^{13} \sim 3×10^{15}$ W/cm^2 的飞秒激光场中，测量了甲醇分子通过库仑爆炸过程所产生碎片离子的动能，并且分析了这些碎片离子的可能通道。他们发现，随着激光场强度的升高，水平偏振情况下碎片离子信号的比值相比于竖直偏振情况下碎片离子信号的比值有所下降，这说明在此激光场条件下几何准直在甲醇分子的准直机制中占优势。对于小分子来说，实验所获得碎片离子的动能值与理论计算得到的碎片离子的动能值的比值为0.5。康研究小组在中心波长为810 nm、脉冲宽度为110 fs、激光场强度为 $10^{13} \sim 10^{15}$ W/cm^2 的飞秒激光场中，研究了不同激光场强度下甲醇分子的飞行时间质谱图，他们发现，碎片离子 H$^+$ 的角分布呈现出各向异性的特征，而其他碎片离子的角分布则呈现出各向同性的特征，并认为甲醇分子在此激光场条件下发生了阶梯式的解离。日本 Yamanouchi 研究小组利用协同动量成像技术，对比研究了甲醇分子 CH$_3$OH 以及氘代甲醇分子 CD$_3$OH 和 CH$_3$OD，计算了这3种分子不同解离通道的出射角参数 $\langle \cos^2\theta \rangle$，并且讨论了氢转移发生的时间特性。他们研究发现，解离通道的出射角参数 $\langle \cos^2\theta \rangle$ 值越大，碎片离子角分布的各向异性越明显，这说明分子经历的是一个陡峭的库仑排斥面，因而解离的速度快，前驱体寿命短。在研究氘代甲醇的过程中，此研究小组观察到了碎片离子 H$_2$D$^+$、D$_2$H$^+$、HD$^+$ 的产生，这些碎片离子的产生印证了甲醇分子在与激光的作用过程中发生了氢转移，最后他们又计算了氢转移的时间特性。随后，日本 Yamanouchi 小组又使用泵浦—探测技术结合协同动量成像技术对甲醇分子进行了研究，并分析了甲醇分子发生 C—O 化学键的断裂，生成碎片离子 CH$_2^+$、H$_2$O$^+$ 以及碎片离子 CH$_3^+$、OH$^+$ 的通道。此外，他们还分析了各个碎片离子在不同时间延迟下的影像图，发现氢转移过程的发生分为两个阶段：第一个阶段发生在超短脉冲宽度38 fs之内，第二个阶段发生在激光场脉冲之后，时间尺度约为150 fs。孔祥蕾研究小组利用25 ns的激光脉冲，研究了不同载气条件下甲醇分子的飞行时间质谱图，发现携带高价电荷的碎片离子来自于甲醇分子团簇的库仑爆炸过程，这是首次在纳秒激光场下观察到甲醇团簇的库仑爆炸过程。

分析分子与激光相互作用的过程，有助于人们理解分子反应断键的机理，获得反应过程中能量的分配以及时间特性，还有助于人们有选择、有目的地控制不同化学键的断裂以及不同化学反应通道的分支比。本章所涉及实验中，使用三维直流切片离子成像技术，研究了甲醇分子在中等强度飞秒激光场中的电离和解离过程，分析了甲醇分子在中心波长为800 nm、脉冲宽度为120 fs的飞秒激光场中的多光子解离离过程和库仑爆炸过程，获得了不同产物碎片离子的动能分布和角度分布参数，揭示了甲醇分子在此激光场条件下的准直机制。

第二节　质谱结果分析

1. 不同光场强度下甲醇的飞行时间质谱

本小节所涉及实验中，采集了中心波长为800 nm，脉冲宽度为120 fs，不同激光场强度下甲醇分子与飞秒激光相互作用的飞行时间质谱图(图9-2)。从质谱图上可以看出，在强场飞秒激光的作用下，甲醇分子发生了电离和解离，产生了大量碎片离子，这些碎片离子主要为甲醇分子中 C—H 化学键和 C—O 化学键发生断裂所产生的：H$_n^+$ ($n=1\sim3$)、C^{2+}、CH$_n^+$ ($n=0\sim3$)、CH$_4^+$(O$^+$)、H$_2$O$^+$、CH$_n$OH$^+$($n=0\sim3$)。其中，碎片离子 O$^+$、CH$_4^+$、CH$_n$OH^{2+} 的质荷比都是16，因此单从飞行时间质谱上无法判断质荷比为16的离子峰为哪个离子。

分析不同激光场强度下甲醇分子 CH$_3$OH 的飞行时间质谱图，可以获取以下的信息：

(1) 质荷比 $m/q=3$ 的碎片离子峰被归属为 H$_3^+$ 离子，而不是 C^{4+} 离子，主要有两个原因；① 飞行时间质谱图上未观察到质荷比 $m/q=4$ 的碎片离子 C^{3+}；② 碎片离子 H$_3^+$ 的出现势低于碎片离子 C^{3+} 的出现势。

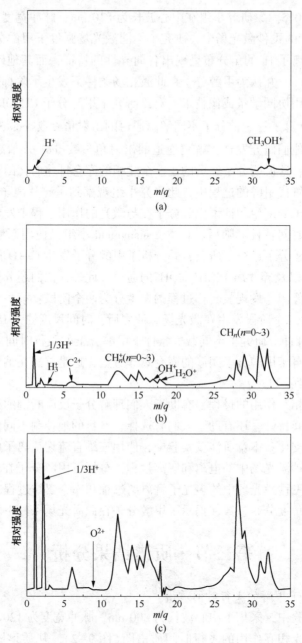

图 9-2 CH$_3$OH 分子飞行时间质谱图(波长 800 nm，脉宽 120 fs)

(a)峰值功率密度 = 2.3×10^{13} W/cm^2；(b)峰值功率密度 = 5.8×10^{13} W/cm^2；(c)峰值功率密度 = 1.0×10^{14} W/cm^2

(2) 当激光场强度较低时，甲醇母体离子在所有离子中的量子产率最高，然而随着激光场强度的升高，甲醇母体离子的量子产率有所下降，而与此同时，甲醇分子发生 C—H 化学键短裂所产生的碎片离子 H$^+$、CH$_2$OH$^+$的产率升高。这种现象表明：随着激光场强度的升高，甲醇母体离子易发生解离过程。图 9-3 为甲醇母体离子的产率与飞行时间质谱上所有离子的产率(总离子产率)之间的比值(P$^+$/T$^+$)随激光场强度的变化曲线。可以看出，随着激光场强度的升高，母体离子信号 P$^+$与总离子信号 T$^+$的产率之间的比值逐渐下降，这种现象说明母体离子的解离速率超过了分子的电离速率，并且说明甲醇母体离子易发生解离过程。

（3）比较不同激光场强度下产物碎片离子的产率，可以发现 H_n^+ $(n=1\sim3)$、CH_n^+ $(n=0\sim3)$、OH^+、H_2O^+ 等碎片离子的产率相对比较高，这说明甲醇母体分子发生解离的过程主要是以断裂 C—H 化学键和 C—O 化学键为主。

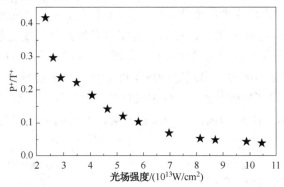

图 9-3　一价母体离子 P^+ 与总碎片离子 T^+ 的产率比值随激光强度的变化曲线

（4）随着激光场强度的增加，一些携带高价电荷的碎片离子开始出现，例如碎片离子 C^{2+}、O^{2+}，这说明当激光场强度较高时，甲醇母体分子发生了库仑爆炸过程，产生了多电荷的产物碎片离子。

（5）飞行时间质谱图上可以观察到碎片离子 H_2O^+，关于 H_2O^+ 的来源有两种可能性，第一种可能性是 H_2O^+ 是由腔内残存的水分子的电离产生的，第二种可能性是 H_2O^+ 离子是由甲醇分子中的甲基基团与羟基基团之间发生氢转移生成的。

当激光偏振方向发生改变，由垂直于飞行时间轴转变为平行于飞行时间轴时，飞行时间质谱也会发生相应的改变。图 9-4 是平行偏振、激光场强度为 1.0×10^{14} W/cm^2 条件下，甲醇分子与飞秒激光场发生相互作用产生的飞行时间质谱图。从图中可以看出，碎片离子 C^{2+}、O^{2+}、C^+、O^+ 发生了明显的谱峰分裂，这一现象说明这些产物碎片离子具有较大的平动能，分裂的质谱峰的前峰和后峰分别代表朝向和背向探测器飞行的离子。飞行时间质谱上碎片离子谱峰出现的明显分裂可以说明这些碎片离子是由甲醇分子发生库仑爆炸过程所产生的。

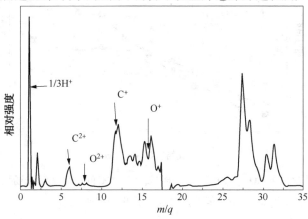

图 9-4　CH_3OH 分子飞行时间质谱图

（中心波长为 800 nm，脉冲宽度为 120 fs，激光强度为 1.0×10^{14} W/cm^2，激光偏振方向平行于飞行时间轴）

2. 不同偏振方向下甲醇的飞行时间质谱

当激光的偏振方向垂直于飞行时间轴，并且平行于探测器平面时，称为垂直偏振（s）；当激光的偏振方向平行于飞行时间轴，并且垂直于探测器平面时，称为平行偏振（p）。图9-5和图9-6分别为平行偏振和垂直偏振条件下，4个碎片离子CO^+、COH^+、CH_2OH^+和CH_3OH^+的信号强度随激光场强度的变化图。从图中可以看出，无论激光的偏振方向为平行偏振还是垂直偏振，这4个碎片离子的信号强度随激光场强度的变化趋势均一致。其中，碎片离子CO^+和COH^+的产率随激光场强度的升高而增大；碎片离子CH_2OH^+和CH_3OH^+的产率随激光场强度的升高变化不明显。出现这种现象可能是因为随着激光场强度的升高，新的通道出现，而新的通道可以产生碎片离子CO^+和COH^+，因此这两个碎片离子产率会升高；而碎片离子CH_2OH^+和CH_3OH^+的解离已达到动态平衡，因此离子产率变化不大。

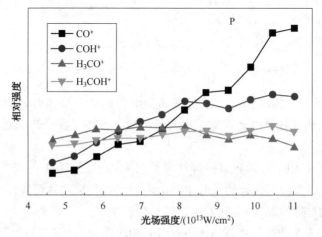

图9-5　碎片离子CO^+、COH^+、CH_2OH^+、CH_3OH^+的产率随激光场强度的变化
（激光偏振方向平行于飞行时间轴）

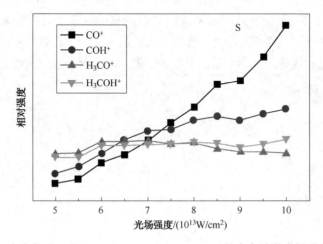

图9-6　碎片离子CO^+、COH^+、CH_2OH^+、CH_3OH^+的产率随激光场强度的变化
（激光偏振方向垂直于飞行时间轴）

第三节 切片成像结果的分析与讨论

图 9-7 为中心波长为 800 nm，脉冲宽度为 120 fs，激光场强度为 5.8×10^{13} W/cm² 的条件

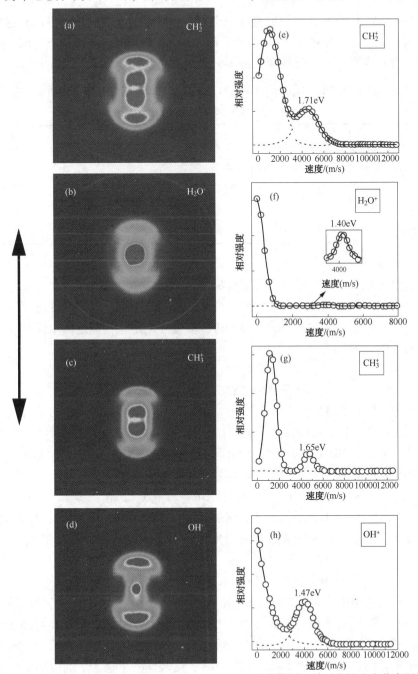

图 9-7 碎片离子 CH_2^+、H_2O^+、CH_3^+、OH^+ 的切片成像图及其对应的速度分布图

（中心波长 = 800 nm，脉冲宽度为 = 120 fs，激光场强度 = 5.8×10^{13} W/cm²）

"○"—实验数据曲线；"···"—各峰的高斯拟合曲线；"——"—高斯拟合叠加后的速度分布曲线；"↔"—激光的偏振方向

下，碎片离子 CH_2^+ 和 H_2O^+ 以及 CH_3^+ 和 OH^+ 的切片成像图及其对应的速度分布图。由图9-7可知，碎片离子 CH_2^+ 和 H_2O^+ 以及 CH_3^+ 和 OH^+ 的切片成像图都是由两部分所组成，动能比较低的内环以及动能比较高的外环：低动能分量为 CH_2^+(0.25 eV)、H_2O^+(0.00 eV)、CH_3^+(0.25 eV)、OH^+(0.00 eV)；高动能分量为 CH_2^+(1.71 eV)、H_2O^+(1.40 eV)、CH_3^+(1.65 eV)、OH^+(1.47 eV)(表9-1)。为了更好地理解甲醇分子的光解过程，可以对这些碎片离子的光解通道进行归属。通常情况下，碎片离子的高动能分量来自于二价母体离子的库仑爆炸过程，低动能分量来自于一价母体离子的多光子解离过程。

表9-1　碎片离子 CH_2^+、H_2O^+ 和 CH_3^+、OH^+ 的内环和外环所对应的动能峰值
(激光场强度 $=5.8×10^{13}$ W/cm^2)

碎片离子	m/q	KER_1/eV	KER_2/eV
CH_2^+	14	0.25	1.71
H_2O^+	18	0	1.40
CH_3^+	15	0.25	1.65
OH^+	17	0	1.47

1. 甲醇分子的库仑爆炸

处在飞秒强激光场中的气体分子会很快失去多个电子发生多电离，产生高价母体离子。由于高价母体离子内部强大的库仑推斥力，高价母体离子会发生化学键断裂产生碎片离子。通过两体库仑爆炸过程产生的两个碎片离子遵从动量守恒定律，即这两个碎片离子的动能跟其质量之间满足如下关系式：

$$\frac{KER(X^{p+})}{KER(Y^{q+})} = \frac{M(Y^{q+})}{M(X^{p+})} \tag{9-1}$$

式中，X 和 Y 为母体分子通过两体库仑爆炸过程所产生的碎片碎片离子，p 和 q 为碎片离子 X 和 Y 所携带的电荷量，M 表示碎片离子的质量数，KER 表示碎片离子的动能。根据式(9-1)可以判定碎片碎片离子 CH_3^+($m/q=15$，$KER=1.65$ eV) 和 OH^+($m/q=17$，$KER=1.47$ eV) 为甲醇二价母体离子沿着 C—O 化学键方向发生两体库仑爆炸所产生的通道：

$$CH_3OH \longrightarrow CH_3^+ + OH^+ \, 2e^- \, (3.12 \text{ eV})$$

同理，可以判定碎片离子 CH_2^+($m/q=14$，$KER=1.71$ eV) 和 H_2O^+($m/q=18$，$KER=1.40$ eV) 为甲醇二价母体离子沿着 C—O 化学键方向发生的库仑爆炸过程，并且此通道发生了氢转移过程：

$$CH_3OH \longrightarrow CH_2^+ + H_2O + 2e^- \, (3.11 \text{ eV})$$

经过计算，上述两通道中所涉及的碎片离子的动能和质量满足式(9-1)，相对误差的数值分别为 5.00% 和 0.97%，这表明对于碎片离子 CH_2^+ 和 H_2O^+ 以及 CH_3^+ 和 OH^+ 的通道归属是正确的。我们注意到，上述两通道均为甲醇二价母体离子发生库仑爆炸过程所产生的通道，然而其能量却有略微差别，分别为 3.12 eV、3.11 eV，这表明产生这 3 个通道的甲醇前驱离子不在同一个态上，即两通道来源于甲醇二价母体离子不同态的库仑爆炸。

2. 甲醇分子的多光子解离

处在飞秒强激光场中的气体分子可以失去 1 个电子发生电离为一价母体离子，一价母体离子由于其自身的不稳定性或者在激光场中继续吸收光子，解离成为 1 个离子、1 个中性碎片、1 个电子，这种解离方式称为解离电离。在解离电离过程中，碎片离子所获得的动能往往比较低。因此，可以判定碎片离子 $CH_3^+(0.25\ eV)$ 和 $OH^+(0.00\ eV)$ 为甲醇一价母体离子发生在 C—O 化学键方向上的解离电离：

$$CH_3OH \longrightarrow CH_3^+ + OH$$
$$CH_3OH \longrightarrow CH_3 + OH^+$$

同理，可判定碎片离子 $CH_2^+(0.25\ eV)$ 和 $H_2O^+(0.00\ eV)$ 为甲醇一价母体离子沿着 C—O 化学键方向发生的解离电离过程，并且此过程中发生了氢转移：

$$CH_3OH \longrightarrow CH_2^+ + H_2O$$
$$CH_3OH \longrightarrow CH_2 + H_2O^+$$

通常情况下，可以使用 Gaussian 软件来进一步确认上述多光子解离通道的正确性，以此来获得上述各多光子解离通道发生所需要吸收的最少光子数目。因此，通过 MP2 方法，在 6-311++G(d, p) 基组下对上述通道所包含的中性碎片和离子碎片的基态结构进行了优化，并且在相同理论等级下对这些产物的单点能进行了计算。通常情况下，对于多光子解离通道而言，碎片离子的速度分布图中所获得的 KER 值在理论计算所得通道的可资用能 ΔE 范围之内，这也可以作为进一步判断碎片离子是否来源于该多光子解离通道的一个依据。经过计算可知，多光子解离通道在实验中获得的 KER 值均在计算所得通道的可资用能 ΔE 范围之内，从而进一步说明这些离子确实是来源于多光子解离通道。

3. 甲醇分子发生氢转移通道与非氢转移通道的对比

甲醇分子沿 C—O 化学键方向发生库仑爆炸，主要产生两种通道：① 产生碎片离子 CH_2^+ 和 H_2O^+ 的通道，此过程中甲基和羟基之间发生了氢转移；② 产生碎片离子 CH_3^+ 和 OH^+ 的通道，此过程中未发生氢转移。本节着重从产率、动能、角分布这三个方面，比较沿着 C—O 化学键方向发生的这两种通道的异同。

首先，从动能方面比较这两种通道的异同。表 9-2 为这两种库仑爆炸通道在不同激光场强度下的动能值。可以发现，随着激光场强度的升高，这两种通道的动能都在逐渐增大。这说明随着激光场强度的升高，甲醇二价母体离子受到的库仑排斥力越大，解离的速度也越快，因而获得的动能就越大。另外，在某些激光场强度下，两种通道的动能值几乎相等，这可能是由于它们来自于甲醇二价母体离子同一个态的解离。

表 9-2　甲醇分子沿 C—O 化学键方向发生库仑爆炸，发生氢转移通道与未发生氢转移通道所对应的动能值

激光场强度/(10^{13} W/cm²)	($CH_2^+ + H_2O^+$)/eV	($CH_3^+ + OH^+$)/eV
2.9	2.78	2.78
4.7	3.01	2.96
5.8	3.11	3.11
10.5	3.21	3.24

其次，从产率方面来比较这两种通道的异同。对不同激光场强度下碎片离子 CH_2^+、H_2O^+、CH_3^+ 和 OH^+ 的高动能分量的部分进行积分，可以得到这两种库仑爆炸通道在不同激光场强度下的产率。用参数 γ 表示氢转移通道的产率与两种通道总产率之间的比值，可以得

到参数 γ 随激光场强度变化的曲线（图 9-8）。由图可知，氢转移通道的产率总是低于非氢转移通道的产率，且 γ 的数值随着激光场强度的升高在不断减小，即随着激光场强度的升高，氢转移通道的产率在总产率中所占的比例有所下降。

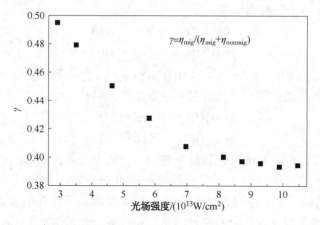

图 9-8　参数 γ 随激光场强度的变化曲线图 $\left[\gamma=\eta_{\mathrm{mig}}/\left(\eta_{\mathrm{mig}}+\eta_{\mathrm{nmig}}\right)\right]$

甲醇二价母体离子 CH_3OH^{2+} 发生电离成为更高价的甲醇母体离子与甲醇二价母体离子通过氢转移通道产生碎片离子 CH_2^+ 和 H_2O^+，这两者之间存在竞争关系。随着激光场强度的升高，电离的几率在不断增大，与此同时，氢转移过程发生的几率就会下降。因此，随着激光场强度的增大，氢转移通道的产率会降低，而非氢转移通道的产率会升高。

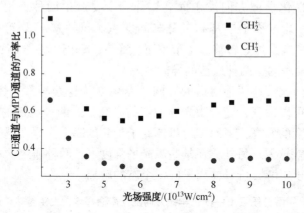

图 9-9　碎片离子 CH_2^+ 和 CH_3^+ 发生多光子解离和库仑爆炸通道的产率比值随激光场强度变化曲线

对碎片离子 CH_2^+ 和 CH_3^+ 的内环和外环分别进行积分，可以得到这两个碎片离子分别发生多光子解离和库仑爆炸通道的通道产率，从而进一步分析同一个离子通过这两种机制进行解离的竞争关系。图 9-9 为碎片离子 CH_2^+ 和 CH_3^+ 分别发生多光子解离和库仑爆炸通道产率的比值随着激光场强度的变化图。由图可知，碎片离子 CH_2^+ 和 CH_3^+ 分别发生多光子解离和库仑爆炸的通道产率的比值随激光场强度的变化趋势完全一致，具体表现为：随着激光场强度的升高，碎片离子 CH_2^+ 和 CH_3^+ 分别发生多光子解离和库仑爆炸通道产率的比值下降，当激光场强度达到 5.2×10^{13} W/cm^2 时产率比值达到最小值，此后，随着激光场强度的升高该比值又逐渐增大。这说明当激光场强度低于 5.2×10^{13} W/cm^2 时，库仑爆炸机制受到了抑制，通过库仑爆炸通道所产生的碎片离子 CH_2^+ 和 CH_3^+ 的产率较低。然而一旦激光场的强度超过 5.2×10^{13} W/cm^2，通过库仑爆炸通道所产生的碎片离子 CH_2^+ 和 CH_3^+ 产率则会逐渐增大。

上述现象产生的原因为：当激光场强度低于 5.2×10^{13} W/cm^2 时，多光子解离机制占优势，通过多光子解离通道产生的碎片离子 CH_2^+ 和 CH_3^+ 的产率较高，而当激光场强度升高时，多原子分子发生库仑爆炸过程的几率也在增加，因此，当激光场强度超过 5.2×10^{13} W/cm^2 时，通过库仑爆炸通道产生的碎片离子 CH_2^+ 和 CH_3^+ 的产率不断增加。

从角分布方面比较这两种通道的异同，不同碎片离子的角度分布通常用 $I(\theta)$ 表示，其表达式为：

$$I(\theta) = 1 + \sum_L a_L P_L(\cos^2\theta)\ (L = 2,\ 4,\ 6) \qquad (9-2)$$

式(9-2)是使用勒让德多项式拟合的结果，式中，a_L 为第 L 阶勒让德多项式的系数，此系数表征碎片离子角度分布的各向异性参数；θ 为出射碎片离子与激光偏振方向的夹角，rad。通常情况下，对碎片离子的角度分布进行三阶拟合，可以分别得到勒让德多项式的系数 a_2、a_4、a_6 的值，以此来表征碎片离子的角度分布情况。勒让德多项式的系数 a_2 是反映前驱体寿命的重要参数，a_2 的数值大，表示该碎片离子的前驱体的寿命越短，碎片离子的角度分布越窄。

本章所涉及实验中，激光场条件为 $5.8\times10^{12} \sim 1.0\times10^{14}$ W/cm^2，本节引入 $<\cos^2\theta>$ 来表征不同碎片离子在库仑爆炸过程中所表现出的各向异性信息，表达式如下：

$$<\cos^2\theta> = \frac{\int I(\theta)\cos^2\theta\sin\theta\mathrm{d}\theta}{\int I(\theta)\sin\theta\mathrm{d}\theta} \qquad (9-3)$$

式中，$<\cos^2\theta>$ 为碎片离子出射角的数学期望值（Expectation Value of the Squared-cosine）。Yamanouchi 研究小组认为，$<\cos^2\theta>$ 的数值越大，母体离子发生库仑爆炸时所经历的库仑排斥面就越陡峭，解离的速度就越快，前驱体离子的寿命就越短，产物碎片离子角度分布的各向异性就越大。

为表征库仑爆炸通道的各项异性，可以利用最小二乘法，对这两个通道所产生的碎片离子的角分布进行三阶拟合。当激光场强度为 1.0×10^{14} W/cm^2 时，通过这两个库仑爆炸通道所产生的碎片离子 OH^+ 和 H_2O^+ 的 a_L 值和 $<\cos^2\theta>$ 值如表 9-3 所示。

表 9-3　产物碎片离子 OH^+ 和 H_2O^+ 的 a_L 值和 $<\cos^2\theta>$ 值

（激光场强度为 1.0×10^{14} W/cm^2）

碎片离子	a_2	a_4	a_6	$<\cos^2\theta>$
OH^+	2.542	1.165	0.378	0.667
H_2O^+	2.029	0.940	0.171	0.601

由表 9-3 可以看出，当激光场强度为 1.0×10^{14} W/cm^2 时，碎片离子 OH^+ 和 H_2O^+ 的 $<\cos^2\theta>$ 值分别为 0.67 和 0.60，碎片离子 OH^+ 和 H_2O^+ 的 a_2 值分别为 2.54 和 2.03。经过分析可以发现，碎片离子 H_2O^+ 的角度度分布比碎片离子 OH^+ 的角度分布宽，即通过氢转移通道所产生的碎片离子的各向异性较弱。这是因为对于氢转移通道而言，氢原子在发生转移的同时整个分子也会发生转动，这种转动削弱了部分各向异性，从而使氢转移通道离子的角分布各向异性减小。

图 9-10 为碎片离子 OH^+ 和 H_2O^+ 的 $<\cos^2\theta>$ 值随激光场强度的变化曲线，由图可知，任何激光场强度下碎片离子 OH^+ 的 $<\cos^2\theta>$ 值始终大于碎片离子 H_2O^+ 的 $<\cos^2\theta>$ 值，而且随着激光场强度的升高，这两个碎片离子的 $<\cos^2\theta>$ 值都在不断增大。$<\cos^2\theta>$ 的数值越大，说明碎片离子的出射方向与激光的偏振方向之间的夹角越小，越接近 C—O 化学键的键轴，电离率越大，因此可以预测氢转移通道的产率比非氢转移通道的产率低。其他研究小组对于氢转移通道的研究得出的结论：氢转移通道产率与非氢转移通道的产率比为 0.5。本节所得到的结论与此结论相一致。随着激光场强度的升高，两种通道的 $<\cos^2\theta>$ 数值都在增大，它们的角度分布各向异性也越来越明显，这说明了角度分布各向异性与激光场强度有关，这也为对准直机制的判断提供了有力证据。

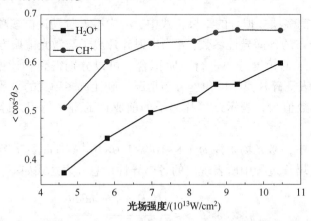

图 9-10　碎片离子 OH^+ 和 H_2O^+ 的 $<\cos^2\theta>$ 值随激光场强度变化曲线

4. 甲醇分子的准直机制

母体分子与强激光场发生相互作用，产生碎片离子的角度分布会呈现出各向异性，这说明产生这些碎片离子的母体分子在所处的激光场中发生了准直效应。目前，有两种机制可以用来解释通过库仑爆炸过程所产生碎片离子的角分布的各向异性现象，这两种机制分别为几何准直机制（Geometric Alignment，GA）和动力学准直机制（Dynamic Alignment，DA）。GA 是指分子在激光场中发生电离，分子的电离几率主要取决于分子的主轴和激光偏振方向的夹角，当分子的主轴和激光偏振方向的夹角为特定数值时，产生碎片离子的角度分布最窄。几何准直占优势时，碎片离子的角度分布信息与激光场强度之间没有关系，具体表现为随着激光场强度的升高，碎片离子的角度分布几乎不发生变化。DA 是指中性的极性分子在外激光场的作用下，诱导产生感生偶极矩，产生的诱导偶极矩与激光场进一步发生作用产生扭矩，使分子主轴发生偏转，逐渐转向激光的偏振方向。因此，当动力学准直占优势时，碎片离子的角度分布与激光场强度和离子的价态有密切的关系，具体表现为：随着激光场强度的升高，同一碎片离子角度分布的各向异性越来越明显，同时高价态碎片离子的角度分布更窄。

前人研究结果表明，在脉冲宽度为 50～150 fs 的飞秒激光场中，相对分子质量较小的分子在飞秒激光场中发生库仑爆炸的准直机制一般以动力学准直为主，例如小分子 CO_2、N_2、CH_3Cl 等在激光场中的准直机制都是以动力学准直为主；而相对分子质量较重的分子在飞秒激光场中发生库仑爆炸的准直机制一般以几何准直为主，例如分子 CH_3I、CH_3I_2 等在激光场中的准直机制均以几何准直为主。因此可以推断，对于相对分子质量较轻的甲醇分子，在飞秒激光场中的准直机制可能以动力学准直为主。

根据 DA 的定义，极性分子处于足够强的直流电场中时，能产生诱导偶极矩，产生的诱导偶极矩会反过来作用于激光场，产生扭矩，这种扭矩的作用是使分子主轴朝着激光场的偏振方向取向。本章中所涉及的甲醇分子为极性分子，满足动力学准直的条件。

本节中，测定了甲醇分子通过库仑爆炸过程产生的碎片离子 OH^+ 和 H_2O^+ 的角度分布图，并对这两个离子的角度分布做了拟合(图 9-11)。从图 9-11 可以得出，碎片离子 OH^+ 和 H_2O^+ 的角度分布集中在 0° 左右，即当 C—O 化学键平行于激光的偏振方向时，通过库仑爆炸过程发生 C—O 化学键断裂产生的碎片离子 OH^+ 和 H_2O^+ 的信号最强；而当 C—O 化学键垂直于激光的偏振方向时，通过库仑爆炸过程发生 C—O 化学键断裂产生的碎片离子 OH^+ 和 H_2O^+ 的信号最弱，几乎为 0。这说明本章所涉及实验中强飞秒激光场中甲醇分子的准直机制不是以 GA 为主。因为如果几何准直机制占优势，那么当激光场强度达到某一程度时，C—O 化学键垂直于激光偏振方向的分子也会出现电离；而如果动力学准直为主要机制时，C—O 化学键垂直于激光偏振方向的分子几乎不发生电离。由此可见，甲醇分子在飞秒激光场中发生库仑爆炸产生的碎片离子 OH^+ 和 H_2O^+ 角度分布的各向异性不是由 GA 引起的。

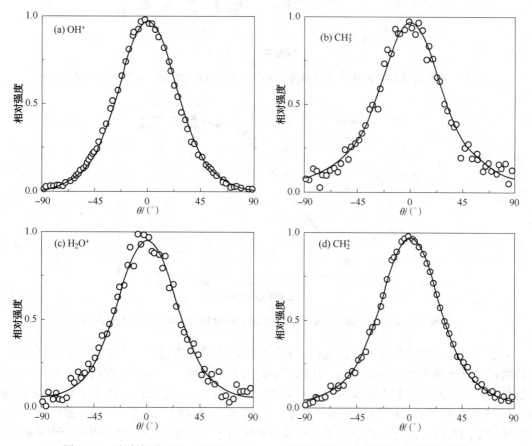

图 9-11　碎片离子 CH_3^+，OH^+ 和 CH_3^+，H_2O^+ 的角度分布曲线以及理论拟合曲线

使用高斯函数拟合碎片离子 OH^+ 和 H_2O^+ 在不同激光场强度下的角分布，可以获得这两个碎片离子角度分布的半高全宽值(Full Width at Half Maximum，FWHM)随着激光场强度的

变化规律(图 9-12)。由图 9-12 可知,随着激光场强度的升高,碎片离子 OH$^+$ 的半高全宽值从 95.7° 降低至 49.4°,碎片离子 H$_2$O$^+$ 的半高全宽值则从 64.6° 降低至 50.3°,这两个碎片离子的角度分布都是随着激光场强度的升高而越来越窄,这是动力学准直的特征:处在强激光场中的分子发生库仑爆炸所产生的碎片离子的角分布与激光场强度有关。这是因为,随着激光场强度的升高,一方面,诱导偶极矩会反过来与激光场相互作用,导致扭力变强;另一方面,C—O 化学键扭转到激光偏振方向需要的时间缩短了,这两个方面的作用使所测得的碎片离子的角分布便窄。

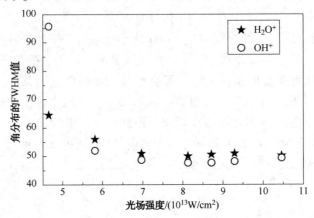

图 9-12　碎片离子 OH$^+$ 和 H$_2$O$^+$ 角度分布的半高全宽值(FWHM)随激光场强度的变化曲线

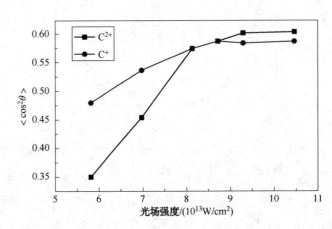

图 9-13　不同价态碳离子 C^{2+} 和 C$^+$ 的 $<\cos^2\theta>$ 值随激光场强度的变化曲线

　　为了进一步确定甲醇分子在强飞秒激光场中的动力学准直机理,本节还研究了携带不同电荷的碎片离子对角度分布的影响,计算了不同激光场强度下、不同价态碳离子 C^{2+} 和 C$^+$ 的出射角余弦函数的数学期望值 $<\cos^2\theta>$(图 9-13)。由图 9-13 可知,碎片离子 C^{2+} 的 $<\cos^2\theta>$ 值从 0.35 增加到了 0.60,而碎片离子 C$^+$ 的 $<\cos^2\theta>$ 值从 0.48 增加到了 0.59。很明显,随着激光场强度的升高,高价态的碳离子比低价态的碳离子的角度分布变化更明显,这也是动力学准直的特征之一。当动力学准直起主导作用时,随着碎片离子价态的升高,碎片离子在激光场中感生到的诱导偶极矩会变大,分子准直的程度变高,相应的 $<\cos^2\theta>$ 值随着离子价态的升高而变化明显。这也充分证明了甲醇分子在飞秒强激光场中的准直机制是以动力学准直为主导的。

参考文献

［1］ T.H.Maiman,Nature［J］.1960,187:493.

［2］ D.Strickland,G.A.Mourou,Optics Communications［J］.1985:56,219.

［3］ S.Pedersen,J.L.Herek and A.H.Zewail,Science［J］.1994:266,1359.

［4］ E.W.G.Diau,J.L.Herek,Z.H.Kim,and A.H.Zewail,Science［J］.1998.279,847.

［5］ A.H.Zewail,The Journal of Physical Chemistry A［J］.2000:104,5660.

［6］ K.J.Schafer and K.C.Kulander.Physical Review Letters［J］.1977:78,638.

［7］ M.Castillejo,S.Couris,E.Koudoumas,and M.Martin,Chemical Physics Letters［J］.1998:289,303.

［8］ K.Vijayalakshmi,C.P.Safvan,K.G.Ravindra,D.Mathur,Chemical Physics Letters［J］.1997:270,37.

［9］ P.Agostini,F.Fabre,G.Mainfray,G.Petite,and N.Rahman.Physical Review Letters［J］.1979:42,1127.

［10］ P.Kruit,J.Kimman,H.G.Muller,and M.J.van der Wiel.Physical Review A.［J］.1983:28,248.

［11］ Keldysh L V.Sov.Phys.JETP［J］.1965:20,1307.

［12］ S.Augst,D.D.Meyerhofer,D.Strickland,and S.L.Chint,JOSA B.1991:8,858.

［13］ P.B.Corkum.Physical Review Letters［J］.1993:71,1994.

［14］ S.Augst,D.Strickland,D.D.Meyerhofer,S.L.Chin,and J.H.Eberly.Physical Review Letters［J］.1989:63,2212.

［15］ Y.M.Wang,S.Zhang,Z.R.Wei,and B.Zhang,Chemical Physics Letters［J］.2009:468,14.

［16］ W.G.Roeterdink,and M.H.M.Janssen,Physical Chemistry Chemical Physics［J］.2002:4,601.

［17］ X.Tang,S.Wang,M.E.Elshakre,L.Gao,Y.Wang ,H.Wang ,and F.Kong.Journal of Physical Chemistry A［J］.2003:107,13.

［18］ M.E.Elshakre,L.Gao,X.Tang,S.Wang,Y.Shu and F.Kong.The Journal of Physical Chemistry［J］.2003:119,5397.

［19］ C.Cornaggia,M.Schmidt,and D.Normand,Journal of Physics B［J］.1994:27,L123.

［20］ C.Cornaggia,M.Schmidt,and D.Normand,Physical Review A.［J］.1995:51,1431.

［21］ P.Tzallas,C.Kosmidis,J.G.Philis,K.W.D.Ledingham,T.McCanny,R.P.Singhal,S. M. Hankin, P. F. Taday, A. J. Langley.Chemical Physics Letters［J］.2001:343,91.

［22］ F.Fabre,G.Petite,P.Agostini,and M.Clement.Journal of Physics B［J］.1982:15,1353.

［23］ G.Petite,F.Fabre,P.Agostini,M.Crance,and M.Aymar.Physical Review A.［J］.1984:29,2677.

［24］ L.A.Lompre,A.L'Huillier,G.Mainfray,and C.Manus.J.Opt.Soc.Am.B［J］.1985:2,1906.

［25］ R.R.Freeman,P.H.Bucksbaum,H.Milchberg,S.Darack,D.Schumacher,M.E.Geusic. Physical Review Letters［J］.1987:59,1092.

［26］ J.H.Eberly,J.Javanainen,K.Rzazewski.Physics Reports［J］.1991:204,331.

［27］ Dewitt M J,and Levis R J.Journal of Chemical Physics［J］.1998:108,7739.

［28］ L.V.Keldysh.SoV.Phys.JETP［J］.1965:20,1307.

［29］ T.Auguste,P.Monot,L.A.Lompre,G.Mainfray and C.Manus.Journal of Physics B［J］. 1992:25,4181.

［30］ M.J.Dewitt,and R.J.Levis.The Journal of Physical Chemistry［J］.1998:108,7739.

［31］ P.Kruit,J.Kimman,H.G.Muller,and M.J.van der Wiel.Physical Review A.［J］.1983:28,248.

［32］ B.Walker, E. Mevel, B. Yang, P. Breger, J. P. Chambaret, A. Antonetti, L. F. DiMauro, and P. Agostini. Physical Review A.［J］.1993:48,R894.

［33］D.N.Fittinghoff,P.R.Bolton,B.Chang,and K.C.Kulander.Physical Review Letters［J］.1993;69,2642.

［34］B.Walker,B.Sheehy,L.F.DiMauro,P.Agostini,K.J.Schafer,and K.C.Kulander. Physical Review Letters［J］. 1994;73,1227.

［35］马兴孝,孔繁敖.激光化学［M］. 合肥:中国科学技术大学出版社,1990.

［36］H.S.Kilic,K.W.D.Ledingham,C.Kosmidis,T.McCanny,R.P.Singhal,S.L.Wang,D.J. Smith,A.J.Langley,and W.Shaikh.Journal of Physical Chemistry A［J］.1997;101,817.

［37］J.Yang,D.A.Gobeli,and M.A.El-Sayed.The Journal of Physical Chemistry A［J］.1985;89,3426.

［38］C.L.Braun.The Journal of Physical Chemistry［J］.1984;80,4157.

［39］C.Wang and F.A.Kong.Acta Physico-Chimica Sinica.［J］.2004;20,1055.

［40］X.P.Tang,L.R.Gao,Y.L.Wang,C.Wang,S.F.Wang,and F.A.Kong.Chinese Science Bulletin.［J］.2002;47,1973.

［41］M.E.Elshakre,L.R.Gao,X.P.Tang,S.F.Wang,Y.F.Shu,and F.A.Kong.The Journal of Physical Chemistry［J］.2003;119,5397.

［42］S.F.Wang,X.P.Tang,L.R.Gao,M.E.Elshakre,and F.A.Kong.Journal of Physical Chemistry A［J］.2003;107,6123.

［43］X.P.Tang,S.F.Wang,M.E.Elshakre,L.R.Gao,Y.L.Wang,H.F.Wang,and F.A.Kong.Journal of Physical Chemistry A［J］.2003;107,13.

［44］G.N.Gibson,M.Li,C.Guo,and J.Neira.Physical Review Letters［J］.1997;79,2022.

［45］I.D.Williams,P.McKenna,B.Srigengan,I.M.G.Johnston,W.A.Bryan,J.H.Sanderson,A.El-Zein,T.R.J.Goodworth,W.R.Newell,P.F.Taday,and A.J.Langley.Journal of Physics B［J］.2000;33,2743.

［46］B.Feuerstein and U.Thumm.Physical Review A.［J］.2003;67.

［47］D.Pavicic,T.W.Hansch,and H.Figger.Physical Review A.［J］.2005;72.

［48］A.Rudenko,B.Feuerstein,K.Zrost,V.L.B.de Jesus,T.Ergler,C.Dimopoulou,C.D. Schroter,R.Moshammer,and J.Ullrich.Journal of Physics B［J］.2005;38,487.

［49］T.D.G.Walsh,F.A.Ilkov,and S.L.Chinese Journal of Physics B［J］.1997;30,2167.

［50］T.Ergler,A.Rudenko,B.Feuerstein,K.Zrost,C.D.Schroter,R.Moshammer,and J.Ullrich.Journal of Physics B［J］.2006;39,S493.

［51］M.Brewczyk,L.J.Frasinski.Journal of Physics B［J］.1991;24,L307.

［52］B.E.Marji,A.Duguet,A.Lahmam-Bennani.Journal of Physics B［J］.1995;L733.

［53］K.Codling,L.J.Frasinski,and P.A.Hatherly.Journal of Physics B［J］.1989;12,L321.

［54］A.Hishikawa,A.Iwamae,K.Hoshina.Chemical Physics Letters［J］.1998;282,283.

［55］L.J.Frasinski,K.Codling,P.A.Hatherly.Science.［J］.1989;246,1029.

［56］K.Codling and L.J.Frasinski.Journal of Physics B［J］.1993;5,783.

［57］R.P.Madden,and K.Codling.Physical Review Letters［J］.1963;10,516.

［58］T.Seideman,M.Y.Ivanov,and P.B.Corkum.Physical Review Letters［J］.1995;75,2819.

［59］M.Schmidt,D.Normand,and C.Cornaggia.Physical Review A.［J］.1994;50,5037.

［60］D.Normand and M.Schmidt.Physical Review A.［J］.1996;53,R1958.

［61］T.Okino,Y.Furukawa,P.Liu,T.Ichikawa,R.Itakura,K.Hoshina,K.Yamanouchi,and H.Nakano.Chemical Physics Letters［J］.2006;423,220.

［62］T.Okino,Y.Furukawa,P.Liu,T.Ichikawa,R.Itakura,K.Hoshina,K.Yamanouchi,and H.Nakano.Journal of Physics B［J］.2006;39,515.

［63］T.Okino,Y.Furukawa,P.Liu,T.Ichikawa,R.Itakura,K.Hoshina,K.Yamanouchi,and H.Nakano.Chemical Physics Letters［J］.2006;419,223.

［64］ P. Liu, T. Okino, Y. Furukawa, T. Ichikawa, R. Itakura, K. Hoshina, K. Yamanouchi, and H. Nakano. Chemical Physics Letters［J］.2006:423,187.

［65］ J.X.Chen,R.Ma,H.Z.Ren,X.Li,H.Yang,and Q.H.Gong.International Journal of Mass Spectrometry.［J］.2005: 241,25.

［66］ H.Okabe,Photochemistry of Small Molecules［M］. New York:Wiley,1978.

［67］ H.Okabe,A.H.Laufer,and J.J.Ball,The Journal of Physical Chemistry［J］.1971:55,373.

［68］ L.J.Butler,E.J.Hintsa,S.F.Shane,and Y.T.Lee,The Journal of Physical Chemistry［J］.1987:86,2051.

［69］ P.J.Dyne and D.W.G.Style,J.Chem.Soc.［J］.1952:2122.

［70］ D.W.G.Style and J.C.Ward,J.Chem.Soc.［J］.1952:2125.

［71］ C.Fotakis,M.Martin,and R.J.Donovan,J.Chem.Soc.,Faraday Trans.［J］.1982:178,1363.

［72］ H.Okabe,M.Kawasaki,and Y.Tanaka,The Journal of Physical Chemistry［J］.1980:73,6162.

［73］ U.Marvet,Q.G.Zhang,E.J.Brown,M.Dantus,The Journal of Physical Chemistry［J］.1998:109,4415.

［74］ W.G.Roeterdink,A.M.Rijs,and M.H.M.Janssen.JOURNAL OF THE AMERICAN CHEMICAL SOCIETY［J］. 2006:128,576.

［75］ Y.Wang,S.Zhang,Q.Zheng,and B.Zhang.Chemical Physics Letters［J］.2006:423,106.

［76］ Y.R.Lee,C.C.Chen,and S.M.Lin.The Journal of Physical Chemistry［J］.2003:118,10494.

［77］ G.M.Minton,T.K.Shane,S.F.Lee.The Journal of Physical Chemistry［J］.1989:90,6157.

［78］ H.L.Lee, P.C.Lee, P.Y.Tsai, K.C.Lin, H.H.Kuo, P.H.Chen, and A.H.H.Chang. The Journal of Physical Chemistry［J］.2009:130,184308.

［79］ H.Lobastov,V.A.Gomez,U.M.Goodson,B.M.Srinivasan,R.Ruan,C.Y.Zewail.A.H. Science. ［J］. 2001: 291,458.

［80］ H. Goodson, B. M. Srinivasan, R. Lobastov, V. A. Zewail. A. H. Journal of Physical Chemistry A ［J］. 2002: 106,4087.

［81］ A.Hishikawa,H.Hasegawa,K.Yamanouchi,J.Electron Spectrosc.Relat.Phenom.［J］.2004:141,195.

［82］ Y.Furakawa,K.Hoshina,K.Yamanouchi,H.Nakano,Chemical Physics Letters［J］.2005:414,117.

［83］ A.S.Alnaser et al.,［J］.2006:39,S485.

［84］ T.Okino et al.,Journal of Physics B［J］.2006:39,S515.

［85］ H.L.Xu,T.Okino,K.Yamanouchi,The Journal of Physical Chemistry［J］.2009:131,151102.

［86］ R.Itakura,P.Liu,Y.Furukawa,T.Okino,K.Yamanouchi,H.Nakano,J.Chem. Phys.［J］.2007:127,104306.

［87］ A. Hishikawa, A. Matsuda, E. J. Takahashi, M. Fushitani, The Journal of Physical Chemistry ［J］. 2008: 128,084302.

［88］ M.Katoh,C.Djerassi,Journal of the American Chemical Society［J］.1970:92,731.

［89］ R.Thissen,J.Delwiche,J.M.Robbe,D.Duflot,J.P.Flament,J.H.D.Eland,The Journal of Chemical Physics［J］. 1993:99,6590.

［90］ H.Xu,T.Okino,K.Yamanouchi,Chemical Physics Letters［J］.2009:469,255.

［91］ T.Okino et al.,Chemical Physics Letters［J］.2006:423,220.

［92］ Y.Furukawa,K.Hoshina,K.Yamanouchi,and H.Nakano,Chemical Physics Letters［J］.2005:414,117.

［93］ T. Okino, Y. Furukawa, P. Liu, T. Ichikawa, R. Itakura, K. Hoshina, K. Yamanouchi, and H. Nakano, Chemical Physics Letters［J］.2006:419,223.

［94］ K. Hoshina, Y. Furukawa, T. Okino, and K. Yamanouchi, The Journal of Physical Chemistry ［J］. 2008: 129,104302.

［95］ P.M. Kraus, M. C. Schwarzer, N. Schirmel, G. Urbasch, G. Frenking, andK. M. Weitzel, The Journal of Physical

Chemistry [J].2011:134,114302.

[96] C. C. Leznoff,A. B. P. Lever,Phthalocyanines: Properities and Applications, 1989, VCH Publishers, New York.

[97] P. Hohenberg,W. Kohn,Phys. Rev. [J] 1964:136,B864.

[98] W. Kohn,L. J. Sham,Phys. Rev. [J] 1965:140,A1133.

[99] A. D. Becke,Physical Review A [J] 1988:38,3098.

[100] C. Adamo,V. Barone,The Journal of Physical Chemistry [J] 1998:108,664.

[101] C. Adamo,V. Barone,The Journal of Physical Chemistry [J] 1999:110,6158.

[102] J. P. Perder,J. A. Chevary,S. H. Vosko,et al.Physical Review B [J] 1992:46,6671.

[103] P. J. Stevens,J. F. Devlin,C. F. Chabalowski,et al.The Journal of Physical Chemistry [J] 1994:98,11623.

[104] M. J. Frisch,G. W. Trucks,H. B. Schlegel,G. E. Scuseria,M. A. Robb,J. R.Cheeseman,G. Scalmani,V. Barone,B. Mennucci,G. A. Petersson,H. Nakatsuji,et al.,Gaussian 09,Revision B.01,Gaussian,Inc.,Wallingford CT,2010.

[105] W. C. Wiley,and I. H. McLaren.Review of Scientific Instruments [J]. 1955:26,1150.

[106] J. W. HePburn. In Atomic and Molecular Beam Methods,New York,Oxford University Press,1992.

[107] R. O. Loo,H. R. Haerri,G. E. Hall,and R. L. Houston. Journal of Physical Chemistry. [J]. 1989:90,4222.

[108] W. S. MeGivern,O. Sorkhabi,A. G. Suits,A. D. Kovancs,and S. W. North.Journal of Physical Chemistry A [J]. 2000:104,10085.

[109] P. Zou,W. S. McGivem,and S. W. North. Physical Chemistry Chemical Physics. [J]. 2000:2,3785.

[110] R. S. Riley,and K. R. Wilson. Faraday Discussions of the Chemical Society. [J]. 1972:53,132.

[111] Y. Sato,Y. Matsumi,and M. Kawasaki. Journal of Physical Chemistry. [J]. 1995:99,16307.

[112] M. N. R. Asjfold,I. R. Lambert,D. H. Mordaunt,G. P. Morley,and C. M. Wester. Journal of Physical Chemistry. [J]. 1992:96,2938.

[113] S. J. Photodissociation.The Journal of Physical Chemistry [J]. 1967:47,889.

[114] D. W. Chandler,and P. L. Houston.The Journal of Physical Chemistry [J]. 1987:87,1445.

[115] A. T. J. B. Eppink,and D. H. Parker.Review of Scientific Instruments [J]. 1997:68,3477.

[116] M. Szilagyi. Electron and ion optics. Plenum. [C]. New York. 1988.

[117] S. Yang,and R. Bersohn,Journal of Chemical Physics,1974:61,4400.

[118] G. Inoue,M. Kawasaki,H. Szto,T. Kikuchi,S. Kobayashi,and T. Arikawa,Journal of Chemical Physics,1987:87 5722.

[119] L. M. Smith,D. R. Keefer,S. I. Sudharsanan,J. Quant. Spectrosc. Radiat. Transfer. [J]. 1988:39,367.

[120] C. J. Dasch. Appl. Opt. [J]. 1992:31,367.

[121] C. Bordas,F. Paulig,H. Helm,D. L. Huestis.The review of Scientific Instruments [J]. 1996:67,2257.

[122] Y. Sato,Y. Matsumi,M. Kawasaki.The Journal of Physical Chemistry A [J]. 1995:99,16307.

[123] D. P. Baldwin,M. A. Buntine,D. W. Chandler.The Journal of Physical Chemistry [J]. 1990:93,6578.

[124] A. T. J. B. Eppink,and D. H. Parker.Review of Scientific Instruments [J]. 1997:68,3477.

[125] C. R. Gebhardt,T.P. Rakitzis,P. C. Samartzis,V. Ladopoulos,and T. N. Kitsopoulos.Review of Scientific Instruments [J]. 2001:72,3848.

[126] D. Townsend,M. P. Minitti,and A. G. Suits.Review of Scientific Instruments [J]. 2003:74,2530.

[127] 杨岩. 卤代烷烃分子飞秒光场电离解离过程的研究[D]. 上海:华东师范大学,2012:13.

[128] Y. T. Lee,Review of Scientific Instruments [J]. 1969:40,1402.

[129] Z. Karny,R. N. Zare,Journal of the American Chemical Society [J]. 1978:683360.

[130] D. Townsend,M. P. Minitti,and A. G. Suits.Review of Scientific Instruments [J]. 2003:74,2530.

［131］ 樊露露.飞秒激光场下一溴二氯乙烷分子解离电离和解离双电离的研究［D］.上海：华东师范大学，2010：30.

［132］ C. L. Guo, M. Li, J. P. Nibarger, G. N. Gibson, Physical Review A［J］. 1998；58, R2471.

［133］ C. L. Guo, and G. N. Gibson. Physical Review A.［J］. 2001；63, 040701（R）-1-4.

［134］ I. Pitas, and A. N. Venetsanoponlos. Kluwer. Academic.［J］. 1990；73.

［135］ R. Foster, R. E. IEEE Trans Acoust Speech Signal Process.［J］. 1989；37, 89.

［136］ A. Buades, B. Call, and J. M. Morel. Muhiscale Model.［J］. 2006；4, 490.

［137］ M. Lindenbaum, M. Fischer, and A. M. Bruckstein. Pattern Recognition.［J］. 1994；27, 1.

［138］ M. Castillejo, S. Couris, E. Koudoumas, and M. Martin, Chemical Physics Letters［J］. 1998；289, 303.

［139］ K. Vijayalakshmi, C. P. Safvan, K. G. Ravindra, D. Mathur, Chemical Physics Letters［J］. 1997；270, 37.

［140］ T. Zuo and A. D. Bandrauk, Physical Review A.［J］. 1995；52, R2511.

［141］ W. G. Roeterdink, and M. H. M. Janssen, Physical Chemistry Chemical Physics［J］. 2002；4, 601.

［142］ P. Tzallas, C. Kosmidis, J. G. Philis, K. W. D. Ledingham, T. McCanny, R. P. Singhal, S. M. Hankin, P. F. Taday, A. J. Langley, Chemical Physics Letters［J］. 2001；343, 91.

［143］ C. Wu, C. Y. Wu, D. Song, H. M. Su, Y. D. Yang, Z. F. Wu, X. R. Liu, H. Liu, M. Li, Y. K. Deng, Y. Q. Liu, Y. P. Liang, H. B. Jiang, and Q. H. Gong, Physical Review Letters［J］. 2013；110, 103601.

［144］ S. C. Wofsy, M. B. McElroy, and Y. L. Yung, Geophysical Research Letters［J］. 1975；2, 215.

［145］ Y. L. Yung, J. P. Pinto, R. J. Watson, and S. P. Sander, J. Atmos. Sci.［J］. 1980；37, 339.

［146］ J. C. van der Leun, Photodermatology, Photoimmunology & Photomedicine.［J］. 2004；20, 159.

［147］ T. Gougousi, P. C. Samartzis, T. N. Kitsopoulos, The Journal of Physical Chemistry［J］. 1998；108, 5742.

［148］ J. G. Underwood, I. Powis, Physical Chemistry Chemical Physics［J］. 2000；2747.

［149］ W. P. Hess, D. W. Chandler, J. W. Thoman, Chem. Phys.［J］. 1985；163277.

［150］ P. Y. Wei, Y. P. Chang, W. B. Lee, Z. F. Hu, H. Y. Huang, K. C. Lin, K. T. Chen and A. H. H. Chang, The Journal of Physical Chemistry［J］. 2006；125, 133319.

［151］ C. Y. Hsu, H. Y. Huang, and K. C. Lin, The Journal of Physical Chemistry［J］. 2005；123, 134312.

［152］ H. Y. Huang, W. T. Chuang, R. C. Sharma, C. Y. Hsu, K. C. Lin, and C. H. Hu, The Journal of Physical Chemistry［J］. 2004；121, 5253.

［153］ D. Xu, J. S. Francisco, J. Huang, and W. M. Jackson, The Journal of Physical Chemistry［J］. 2002；117, 2578.

［154］ Y. M. Wang, S. Zhang, Q. S. Zheng, and B. Zhang, Chemical Physics Letters［J］. 2006；423, 106.

［155］ Y. R. Lee, C. C. Chen, and S. M. Lin, The Journal of Physical Chemistry［J］. 2003；118, 10494.

［156］ Y. R. Lee, C. C. Chen, and S. M. Lin, The Journal of Physical Chemistry［J］. 2004；120, 1223.

［157］ H. L. Lee, P. C. Lee, P. Y. Tsai, K. C. Lin, H. H. Kuo, P. H. Chen, and A. H. H. Chang, The Journal of Physical Chemistry［J］. 2009；130, 184308.

［158］ A. T. J. B. Eppink, D. H. Parker, The review of Scientific Instruments［J］. 1997；68, 3477.

［159］ C. L. Guo, M. Li, J. P. Nibarger, and G. N. Gibson, Physical Review A［J］. 1998；58, R4271.

［160］ D. H. Parker, A. T. J. B. Eppink, The Journal of Physical Chemistry［J］. 1997；107, 2357.

［161］ Y. Yang, L. L. Fan, S. Z. Sun, J. Zhang, Y. T. Chen, S. A. Zhang, T. Q. Jia, and Z. R. Sun, The Journal of Physical Chemistry［J］. 2011；135, 064303.

［162］ S. Z. Sun, Y. Yang, J. Zhang, H. Wu, Y. T. Chen, S. A. Zhang, T. Q. Jia, Z. G. Wang, and Z. R. Sun, Chemical Physics Letters［J］. 2013；581, 16.

［163］ H. Wu, Y. Yang, S. Z. Sun, J. Zhang, L. Deng, S. A. Zhang, T. Q. Jia, Z. G. Wang, and Z. R. Sun, Chemical Physics Letters［J］. 2014；607, 70.

［164］ Y. M. Wang, S. Zhang, Z. R. Wei, and B. Zhang, The Journal of Physical Chemistry A［J］. 2008；112, 3846.

［165］Y.M.Wang,S.Zhang,Z.R.Wei,and B.Zhang,Chemical Physics Letters［J］.2009:468,14.

［166］M.E.Corrales,G.Gitzinger,J.G.Vazquez,V.Loriot,R.de Nalda,and L.Banares,The Journal of Physical Chemistry A［J］.2012:116,2669.

［167］Y.Furukawa,K.Hoshina,K.Yamanouchi,H.Nakano,Chemical Physics Letters［J］.2005:414,117.

［168］T.Okino et al.,Chemical Physics Letters［J］.2006:419,223.

［169］M.J.Frisch,G.W.Trucks,H.B.Schlegel,G.E.Scuseria,M.A.Robb,J.R.Cheeseman,G.Scalmani,V.Barone,B. Mennucci,G.A.Petersson,H.Nakatsuji,et al.,Gaussian 09,Revision B.01,Gaussian,Inc.,Wallingford CT,2010.

［170］A.D.Becke,The Journal of Physical Chemistry［J］.1993:98,5648.

［171］C.Lee,W.Yang,and R.G.Parr,Physical Review B［J］.1998:37,785.

［172］L.Q.Hua,W.B.Lee,M.H.Chao,B.Zhang,and K.C.Lin,The Journal of Physical Chemistry［J］.2011: 134,194312.

［173］K.A.Peterson,D.Figgen,E.Goll,H.Stoll,and M.Dolg,The Journal of Physical Chemistry［J］.2003: 119,11113.

［174］K.J.Schafer and K.C.Kulander,Physical Review Letters［J］.1997:78,638.

［175］M.Castillejo,S.Couris,E.Koudoumas,and M.Martin,Chemical Physics Letters［J］.1998:289, 303.

［176］K.Vijayalakshmi,C.P.Safvan,K.G.Ravindra,D.Mathur,Chemical Physics Letters［J］.1997:270,37.

［177］P.Agostini,F.Fabre,G.Mainfray,G.Petite,and N.Rahman,Physical Rwview Letters［J］.1979:42, 1127.

［178］Y.M.Wang,S.Zhang,Z.R.Wei,and B.Zhang,Chemical Physics Letters［J］.2009:468, 14.

［179］W.G.Roeterdink,and M.H.M.Janssen,Physical Chemistry Chemical Physics［J］.2002:4, 601.

［180］C.Cornaggia,M.Schmidt,and D.Normand,Journal of Physics B［J］.1994: 27, L123.

［181］C.Cornaggia,M.Schmidt,and D.Normand,Physical Review A［J］.1995:51, 51.

［182］P.Tzallas,C.Kosmidis,J.G.Philis,K.W.D.Ledingham,T.McCanny,R.P.Singhal,S.M.Hankin,P.F.Taday, A.J.Langley,Chemical Physics Letters［J］.2001: 343, 91.

［183］S.C.Wofsy,M.B.McElroy,and Y.L.Yung,Geophysical Research Letters［J］.1975:2,215.

［184］Y.L.Yung,J.P.Pinto,R.J.Watson,and S.P.Sander,J.Atmos.Sci.［J］.1980:37,339.

［185］J.C.van der Leun,Photodermatology,Photoimmunology & Photomedicine［J］.2004:20, 159.

［186］D.Xu,J.S.Francisco,J.Huang,and W.M.Jackson,The Journal of Physical Chemistry［J］.2002:117,2578.

［187］P.Y.Wei,Y.P.Chang,W.B.Lee,Z.F.Hu,H.Y.Huang,K.C.Lin,K.T.Chen and A.H.H.Chang,The Journal of Physical Chemistry［J］.2006:125, 133319.

［188］C.Y.Hsu,H.Y.Huang,and K.C.Lin,The Journal of Physical Chemistry［J］.2005:123, 134312.

［189］P.Y.Wei,Y.P.Chang,Y.S.Lee,W.B.Lee,K.C.Lin,K.T.Chen and A.H.H.Chang,The Journal of Physical Chemistry［J］.2007:126,34311.

［190］H.Y.Huang,W.T.Chuang,R.C.Sharma,C.Y.Hsu,K.C.Lin,and C.H.Hu,The Journal of Physical Chemistry ［J］.2004: 121, 5253.

［191］H.L.Lee,P.C.Lee,P.Y.Tsai,K.C.Lin,H.H.Kuo,P.H.Chen,and A.H.H.Chang,The Journal of Physical Chemistry［J］.2009: 130, 184308.

［192］L.Q.Hua,W.B.Lee,M.H.Chao,B.Zhang,and K.C.Lin,The Journal of Physical Chemistry［J］.2011: 134, 194312.

［193］U.Marvet,E.J.Brown,and M.Dantus,Physical Chemistry Chemical Physics［J］.2000:2,885.

［194］U.Marvet,Q.G.Zhang,E.J.Brown and M.Dantus,The Journal of Physical Chemistry［J］.1998:109, 4415.

［195］Q.G.Zhang,U.Marvet and M.Dantus,Faraday Discussions［J］.1997:108, 63.

［196］Q.G.Zhang,U.Marvet and M.Dantus,The Journal of Physical Chemistry［J］.1998:109, 4428.

［197］U.Marvet and M.Dantus, Chemical Physics Letters［J］.1996:256, 57.

［198］F. Légaré, K. F. Lee, I. V. Litvinyuk, P. W. Dooley, A. D. Bandrauk, D. M. Villeneuve, and P. B. Corkum, Physical Review A［J］.2005:72, 052717.

［199］A.Hishikawa, E.J.Takahashi, and A.Matsuda, Physical Review Letters［J］.2006:97, 243002.

［200］C.Wu, C.Y.Wu, D.Song, H.M.Su, Y.D.Yang, Z.F.Wu, X.R.Liu, H.Liu, M.Li, Y.K.Deng, Y.Q.Liu, Y. P.Liang, H.B.Jiang, and Q.H.Gong, Physical Review Letters［J］.2013:110, 103601.

［201］Y.Yang, L.L.Fan, S.Z.Sun, J.Zhang, Y.T.Chen, S.A.Zhang, T.Q.Jia,and Z.R.Sun, The Journal of Physical Chemistry［J］.2011:135, 064303.

［202］S.Z.Sun, Y. Yang, J.Zhang, H.Wu, Y.T.Chen, S.A.Zhang, T.Q.Jia, Z.G.Wang and Z.R.Sun, Chemical Physics Letters［J］.2013:581, 16.

［203］D.Townsend, M.P.Minitti,and A.G.Suits, The review of Scientific Instruments［J］.2003:74,2530.

［204］C.L.Guo, M.Li, J.P.Nibarger, and G.N.Gibson,Physical Review A［J］.1998:58, R2471.

［205］Z.H.Liu, Y.Q.Wang, J.J.Ma, L.Wang and G.Z.He, Chemical Physics Letters［J］.2004:383, 198.

［206］Y.M.Wang, S.Zhang, Z.R.Wei, and B.Zhang,The Journal of Physical Chemistry A［J］.2008:112, 3846.

［207］M.E.Corrales,G.Gitzinger, J.G.Vazquez,V.Loriot,R.deNalda,andL.Banares, The Journal of Physical Chemistry A［J］.2012: 116, 2669.

［208］C.Cornaggia, M.Schmidt, and D.Normand, Physical Review A［J］.1995:51, 1431.

［209］W.G.Roeterdink, A.M.Rijs, and M.H.M.Janssen,Journal of the American Chemical Society［J］.2006: 128,576.

［210］B.J.Pearson, S.R.Nichols, and T.Weinacht, The Journal of Physical Chemistry［J］.2007:127, 131101.

［211］A.D.Becke,The Journal of Physical Chemistry［J］.1993:98, 5648.

［212］C.Lee, W.Yang, and R.G.Parr,Physical Review B［J］.1988:37, 785.

［213］P. M. Kraus, M. C. Schwarzer, N. Schirmel, G. Urbasch, G. Frenking, and K. M. Weitzel, The Journal of Physical Chemistry［J］.2011:134, 114302.

［214］T.S.Zyubina, S.H.Lin, A.D.Bandrauk, and A.M.Mebel, Chemical Physics Letters［J］.2004:393,470.

［215］M.Katoh,and C.Djerassi,Journal of the American Chemical Society［J］.1970:92,731.

［216］Y.Furakawa,K.Hoshina,K.Yamanouchi,and H.Nakano,Chemical Physics Letters［J］.2005:414,117.

［217］R.Thissen,J.Delwiche,J.M.Robbe,D.Duflot,J.P.Flament,and J.H.D.Eland,J.Chem.Phys.［J］.1993:99,6590.

［218］R.Itakura,P.Liu,Y.Furukawa,T.Okino,K.Yamanouchi,and H.Nakano,The Journal of Chemical Physics［J］. 2007:127,104306.

［219］A. Hishikawa, A. Matsuda, E. J. Takahashi, and M. Fushitani, The Journal of Physical Chemistry［J］.2008: 128,84302.

［220］H.L.Xu,T.Okino,and K.Yamanouchi,The Journal of Physical Chemistry［J］.2009:131,151102.

［221］A.M.Mebel,A.D.Bandrauk,The Journal of Physical Chemistry［J］.2008:129,224,311.

［222］H.L.Xu,T.Okino,and K.Yamanouchi,Chemical Physics Letters［J］.2009:469,255.

［223］K. Hoshina, Y. Furukawa, T. Okino, and K. Yamanouchi, The Journal of Physical Chemistry［J］. 2008: 129,104302.

［224］J.Piskorz,P.Majerski,D.Radlein and D.S.Scott,Energy Fuels［J］.1989:3,723.

［225］C.S.McEnally and L.D.Pfefferle,Combust.Flame［J］.2004:136,155.

［226］T.Edwards and L.Q.Maurice,Journal of Propulsion and Power［J］.2001:17,461.

［227］W. D. Schulz, S. P. Heneghan, S. L. Locklear, D. L. Geiger and S. D. Anderson, Journal of Propulsion and Power ［J］.1993:9,5.

［228］T.S.Zyubina,S.H.Lin,A.D.Bandrauk,and A.M.Mebel,Chemical Physics Letters［J］.2004:393,470.

［229］M.Castillejo,S.Couris,E.Koudoumas,M.Martin,Chemical Physics Letters［J］.1999:308,373.

［230］M.Castillejo,S.Couris,E.Koudoumas,M.Martin,Chemical Physics Letters［J］.1998:289,303.

［231］T.Yamazaki,R.Kanya,K.Yamanouchi,International Conference on Ultrafast Phenomena,Okinawa Japan,2014.

［232］H.Harada,S.Shimizu,T.Yatsuhashi,S.Sakabe,Y.Izawa,and N.Nakashima,Chemical Physics Letters［J］. 2001:342,563.

［233］A.T.J.B.Eppink,D.H.Parker,The Review of Scientific Instruments［J］.1997:68,3477.

［234］D.H.Parker,A.T.J.B.Eppink,The Journal of Physical Chemistry［J］.1997:107,2357.

［235］Y.Yang,L.L.Fan,S.Z.Sun,J.Zhang,Y.T.Chen,S.A.Zhang,T.Q.Jia,and Z.R.Sun,The Journal of Physical Chemistry［J］.2011:135,064303.

［236］S.Z.Sun,Y.Yang,J.Zhang,H.Wu,Y.T.Chen,S.A.Zhang,T.Q.Jia,Z.G.Wang,and Z.R.Sun,Chemical Physics Letters［J］.2013:581,16.

［237］H.Wu,Y.Yang,S.Z.Sun,J.Zhang,L.Deng,S.A.Zhang,T.Q.Jia,Z.G.Wang,and Z.R.Sun,Chemical Physics Letters［J］.2014:607,70.

［238］H.Wu,Y.Yang,S.Z.Sun,J.Zhang,L.Deng,S.A.Zhang,T.Q.Jia,Z.G.Wang,and Z.R.Sun,RSC Advances［J］. 2014:4,45300.

［239］R.Hoogerbrugge,M.Bodeldijk,J.Los,The Journal of Physical Chemistry A［J］.1989:93,5444.

［240］Y.M.Wang,S.Zhang,Z.R.Wei,and B.Zhang,The Journal of Physical Chemistry A［J］.2008:112,3846.

［241］Y.M.Wang,S.Zhang,Z.R.Wei,and B.Zhang,Chemical Physics Letters［J］.2009:468,14.

［242］M.E.Corrales,G.Gitzinger,J.G.Vazquez,V.Loriot,R.de Nalda,and L.Banares,The Journal of Physical Chemistry A［J］.2012:116,2669.

［243］Y.Furukawa,K.Hoshina,K.Yamanouchi,H.Nakano,Chemical Physics Letters［J］.2005:414,117.

［244］T.Okino et al.,Chemical Physics Letters［J］.2006:419,223.

［245］M.J.Frisch,G.W.Trucks,H.B.Schlegel,G.E.Scuseria,M.A.Robb,J.R.Cheeseman,G.Scalmani,V.Barone,B. Mennucci,G.A.Petersson,H.Nakatsuji,M.Caricato et al.,Gaussian 09,Revision B.01,Gaussian,Inc.,Wallingford CT,2010.

［246］M.Katoh,and C.Djerassi,Journal of the American Chemical Society［J］1970:92,731.

［247］T.Yamazaki,Y.Watanabe,R.Kanya,and K.Yamanouchi,The Journal of Chemical Physics［J］2016: 144,024313.

［248］A.Hishikawa,A.Matsuda,E.J.Takahashi,and M.Fushitani,The Journal of Chemical Physics［J］2008: 128,084302.

［249］A.M.Mebel,and A.D.Bandrauk,The Journal of Chemical Physics［J］2008:129,224311.

［250］P.M.Kraus,M.C.Schwarzer,N.Schirmel,G.Urbasch,G.Frenking,and K.M.Weitzel,The Journal of Chemical Physics［J］2011:134,114302.

［251］H.Wu,S.A.Zhang,J.Zhang,Y.Yang,L.Deng,T.Q.Jia,Z.G.Wang,and Z.R.Sun,The Journal of Physical Chemistry A［J］2015:119,2052.

［252］T.Okino,Y.Furukawa,P.Liu,T.Ichikawa,R.Itakura,K.Hoshina,K.Yamanouchi,and H.Nakano,Chemical Physics Letters［J］2006:423,220.

［253］Y.Furukawa,K.Hoshina,K.Yamanouchi,and H.Nakano,Chemical Physics Letters［J］2005:414,117.

［254］R.Itakura,P.Liu,Y.Furukawa,T.Okino,K.Yamanouchi,and H.Nakano,The Journal of Chemical Physics［J］ 2007:127,104306.

［255］T.Okino,Y.Furukawa,P.Liu,T.Ichikawa,R.Itakura,K.Hoshina,K.Yamanouchi,and H.Nakano,Chemical Physics Letters［J］2006:423,220.

［256］H.L.Xu,T.Okino,and K.Yamanouchi,Chemical Physics Letters［J］2009:469,255.

［257］ H.L.Xu,T.Okino,K.Nakai,K.Yamanouchi,S.Roither,X.H.Xie,D.Kartashov,M.Schöffler,A.Baltuska,and M. Kitzler,Chemical Physics Letters［J］2010：484,119.

［258］ M.T.Musser,Cyclohexanol and Cyclohexanone,Ullmann's encyclopedia of industrial chemistry,2005.

［259］ M.Castillejo,S.Couris,E.Koudoumas,M.Martin,Chemical Physics Letters［J］1998：289,303.

［260］ M.Castillejo,S.Couris,E.Koudoumas,M.Martin,Chemical Physics Letters［J］1999：308,373.

［261］ T.S.Zyubina,S.H.Lin,A.D.Bandrauk,A.M.Mebel,Chemical Physics Letters［J］2004：393,470.

［262］ D.Townsend,M.P.Minitti,and A.G.Suits,The Review of Scientific Instruments［J］2003：74,2530.

［263］ C.R.Gebhardt,T.P.Rakitzis,P.C.Samartzis,V.Ladopoulos,and T.N.Kitsopoulos,The Review of Scientific Instruments［J］2001：72,3848.

［264］ Y.Yang,L.L.Fan,S.Z.Sun,J.Zhang,Y.T.Chen,S.A.Zhang,T.Q.Jia,and Z.R.Sun,The Journal of Chemical Physics［J］2011：135,064303.

［265］ M.J.DeWitt,and R.J.Levis,The Journal of Chemical Physics［J］1998：108,7045.

［266］ S.M.Hankin,D.M.Villeneuve,P.B.Corkum,and D.M.Rayner,Physical Review A［J］2001：64,013405.

［267］ Y.M.Wang,S.Zhang,Z.R.Wei,B.Zhang,The Journal of Physical Chemistry A［J］2008：112,3846.

［268］ Y.M.Wang,S.Zhang,Z.R.Wei,B.Zhang,Chemical Physics Letters［J］2009：468,14.

［269］ M.E.Corrales,G.Gitzinger,J.G.Vazquez,V.Loriot,R.de Nalda,L.Banares,The Journal of Physical Chemistry A［J］2012：116,2669.

［270］ M.J.Frisch,G.W.Trucks,H.B.Schlegel,G.E.Scuseria,M.A.Robb,J.R.Cheeseman,G.Scalmani,V.Barone,B. Mennucci,G.A.Petersson,et al.,Gaussian09,revision B.01,Gaussian,Inc.,Wallingford,CT,2010.

［271］ A.D.Becke,The Journal of Chemical Physics［J］1993：98,5648.

［272］ C.Lee,W.Yang,R.G.Parr,Physical Review B［J］1988：37,785.

［273］ L.Q.Hua,W.B.Lee,M.H.Chao,B.Zhang,K.C.Lin,The Journal of Chemical Physics［J］2011：134,194312.

［274］ E.P.Fowe,A.D.N.Bandrauk,Physical Review A［J］2010：81,023411.

［275］ E.P.Fowe,A.D.Bandrauk,Coherence and Ultrafast Pulse Laser Emission.InTech,2010：21.

［276］ S.Harich,J.J.Lin,Y.T.Lee,and X.Yang,The Journal of Physical Chemistry A［J］1999：103,10324.

［277］ C.Wu,H.Ren,T.Liu,R.Ma,H.Yang,H.Jiang,and Q.Gong,Journal of Physics B：Atomic,Molecular and Optical Physics［J］2002：35,2575.

［278］ H.Ren,C.Wu,R.Ma,H.Yang,H.Jiang,and Q.Gong,International Journal of Mass Spectrometry［J］2002：219,305.

［279］ X.Tang,S.Wang,M.E.Elshakre,L.Gao,Y.Wang,H.Wang,and F.Kong,The Journal of Physical Chemistry A［J］2003：107,13.

［280］ Y.Furukawa,K.Hoshina,K.Yamanouchi,and H.Nakano,Chemical Physics Letters［J］2005：414,117.

［281］ T.Okino,Y.Furukawa,P.Liu,T.Ichikawa,R.Itakura,K.Hoshina,K.Yamanouchi,and H.Nakano,Chemical Physics Letters［J］2006：419,223.

［282］ T.Okino,Y.Furukawa,P.Liu,T.Ichikawa,R.Itakura,K.Hoshina,K.Yamanouchi,and H.Nakano,Chemical Physics Letters［J］2006：423,220.

［283］ T.Okino,Y.Furukawa,P.Liu,T.Ichikawa,R.Itakura,K.Hoshina,K.Yamanouchi,and H.Nakano,Journal of Physics B：Atomic,Molecular and Optical Physics［J］2006：39,S515.

［284］ P.Liu,T.Okino,Y.Furukawa,T.Ichikawa,R.Itakura,K.Hoshina,K.Yamanouchi,and H.Nakano,Chemical Physics Letters［J］2006：423,187.

［285］ H.Xu,C.Marceau,K.Nakai,T.Okino,S.Chin,and K.Yamanouchi,J.Chem.Phys.［J］2010：133,71103.

［286］ 孔祥蕾,罗晓琳,牛冬梅,等.纳秒强光场下呋喃的激光电离中高价离子的产生［J］.化学物理学报. 2004,（05）：513-514.

［287］Y.Furukawa,K.Hoshina,K.Yamanouchi,and H.Nakano,Chemical Physics Letters［J］2005:414,117.

［288］M.J.Frisch,G.W.Trucks,H.B.Schlegel,G.E.Scuseria,M.A.Robb,J.R.Cheeseman,G.Scalmani,V.Barone,B. Mennucci,G.A.Petersson,H.Nakatsuji,M.Caricato et al.,Gaussian 09,Revision B.01,Gaussian,Inc.,Wallingford CT,2010.

［289］K.Miyazaki,T.Shimizu,and D.Normand,Journal of Physics B:Atomic,Molecular and Optical Physics［J］ 2004:37,753.

［290］C.Cornaggia,M.Schmidt,and D.Normand,Journal of Physics B:Atomic,Molecular and Optical Physics［J］ 1994:27,L123.

［291］S.Sun,Y.Yang,J.Zhang,H.Wu,Y.Chen,S.Zhang,T.Jia,Z.Wang,and Z.Sun,Chemical Physics Letters［J］ 2013:581,16.

［292］R.Ma,C.Wu,N.Xu,J.Huang,H.Yang,and Q.Gong,Chemical Physics Letters［J］2005:415,58.

［293］P.Graham,K.Ledingham,R.P.Singhai,S.M.Hankin,T.McCanny,X.Fang,C.Kosmidis,P.Tzallas,P.F.Taday, and A.J.Langley,.Phys.B:Atom.Mol.Opt.Phys.［J］2001:34,4015.

［294］X.Zhang,D.Zhang,H.Liu,H.Xu,M.Jin,and D.Ding,Journal of Physics B:Atomic,Molecular and Optical Physics［J］2010:43,25102.

［295］范晴飞.飞秒激光场中甲醇分子的电离解离过程研究［D］.上海:华东师范大学,2014.

［296］W.Guo,J.Zhu,B.Wang and L.Wang,Chemical Physics Letters［J］2007:448,173.